学生最喜爱的科

XUESHENGZUIXIAIDEK

U0588961

青少年应该知道的 ★★★★★
植物百科知识

刘盼盼◎编著

在未知领域　我们努力探索
在已知领域　我们重新发现

延边大学出版社

图书在版编目（CIP）数据

青少年应该知道的植物百科知识 / 刘盼盼编著 .
—延吉：延边大学出版社，2012.4（2021.1 重印）
ISBN 978-7-5634-3054-3

Ⅰ . ①青⋯ Ⅱ . ①刘⋯ Ⅲ . ①植物—青年读物
②植物—少年读物 Ⅳ . ① Q94-49

中国版本图书馆 CIP 数据核字 (2012) 第 051746 号

青少年应该知道的植物百科知识

——————————————————————————————

编　　　著：刘盼盼
责 任 编 辑：林景浩
封 面 设 计：映象视觉
出 版 发 行：延边大学出版社
社　　　址：吉林省延吉市公园路 977 号　　邮编：133002
网　　　址：http://www.ydcbs.com　　　E-mail：ydcbs@ydcbs.com
电　　　话：0433-2732435　　传真：0433-2732434
发行部电话：0433-2732442　　传真：0433-2733056
印　　　刷：唐山新苑印务有限公司
开　　　本：16K　690×960 毫米
印　　　张：10 印张
字　　　数：120 千字
版　　　次：2012 年 4 月第 1 版
印　　　次：2021 年 1 月第 3 次印刷
书　　　号：ISBN 978-7-5634-3054-3

——————————————————————————————

定　　　价：29.80 元

　　植物的世界千变万化，许多人对它充满了好奇心。那么，植物的世界到底是一个怎样的神秘国度呢？就像人们千方百计地研究埃及的金字塔一样，植物的世界里充满了诱惑，而人们就像《纳尼亚传奇》中的露西不由自主地走进衣柜一样，走进了这个充满魔幻的世界，去探索、去发现。

　　植物是大自然赋予人类最宝贵的财富，堪称生命之源。人们的衣、食、住、行都离不开植物。植物世界是公开的，也是封闭的。它千奇百态，让人们难以理解，植物究竟有没有一个特定的共性？现在，对植物感兴趣的人越来越多了，对植物的研究也开始不仅仅是限于一个方面了，而是从方方面面综合考虑。

　　植物在进行光合作用时，吸收二氧化碳来制造氧气，供动物呼吸使用。其他对人们有益的分子，还有由叶片的蒸散作用产生的负离子，具有杀菌的效果，并能使空气湿度增加。这些都是对人体直接有益的功能。植物也是最伟大的，它把人类不能直接利用的光能转化为自己的组成成分。

植物是生物界中的一个大类。一般有叶绿素，没有神经，没有感觉。植物可以分为藻类、地衣、苔藓、蕨类和种子植物。种子植物又分为裸子植物和被子植物。植物是能够进行光合作用的陆生多细胞真核生物。但许多细胞的藻类也是能够进行光合作用的，它们与植物的最重要区别在于水生和陆生。这些重要区别说明植物与藻类十分不同，因此，在五界系统中，藻类被列入原生生物界。

植物在地球上占有举足轻重的地位。几乎地球上所有的生物都必须赖以为生，无论是提供食物、清新的空气，还是调节整个地球的气候，植物都有着不可取代的重要功能。

世界上最大的大王花、比钢铁还硬的铁桦树、最具有毒性的蓖麻子、不长叶子的"光棍树"……这些植物都是实际存在的。

自古以来，植物一直在默默地改善和美化着人类的生活环境。在植物王国约有 7 000 多种植物可供人类食用，有不少植物具有神奇的治病效果。民间草药约有 50 000～60 000 多种，现代药物中有 40% 来自大自然。科学家们还从美登木、红豆杉等植物中提取抗癌物质，其疗效十分明显。

芦荟是集食用、药用、美容、观赏于一身的保健植物新星。芦荟蕴含 75 种元素，与人体细胞所需物质几乎完全吻合。在西方国家，化妆品会因标有含芦荟成分而身价倍增，于是它被誉为"天然美容师"。它有着明显的食疗和医疗效果，对一些医院都束手无策的慢性病、疑难病常常有不可思议的功效，被人们誉为"神奇植物"、"家庭药箱"。

植物的世界是奇妙的，而我们的生活大多也是直接面对植物的。因此，青少年必须认识植物、了解植物，然后更深地去探究植物的更多秘密。

目录
CONTENTS

第❶章
植物世界的奥秘

植物的起源 ……………………………… 2

植物的分类 ……………………………… 5

植物的光合作用 ………………………… 8

植物的多样性 …………………………… 10

植物界的奥秘 …………………………… 13

第❷章
植物之最

最大的花——巨海芋 …………………… 18

陆地上最长的植物——白藤 …………… 20

最高的树——杏仁桉树 ………………… 23

最硬的树——铁桦树 …………………… 25

最短命的植物——短命菊 ……………… 27

最臭的开花植物——大花草 …………… 29

生命力最顽强的植物——地衣 ………… 32

第❸章
被子植物

什么是被子植物 ………………………… 36

伯乐树 …………………………………… 40

樟　树 …………………………………… 44

异形玉叶金花 …………………………… 47

菊　科 …………………………………… 50

半日花 …………………………………… 53

第❹章

裸子植物

什么是裸子植物 ………………………… 56

资源冷杉 ………………………………… 59

巨　柏 …………………………………… 62

长白松 …………………………………… 65

西伯利亚云杉 …………………………… 68

第❺章

树木的王国

夫妻树 …………………………………… 72

龙血树 …………………………………… 75

万兽树 …………………………………… 78

望天树 …………………………………… 80

新郎树 …………………………………… 83

梧桐树 …………………………………… 85

第❻章

花仙子的胜地

中国——梅花 ……………………………… 88

埃及——睡莲 ……………………………… 91

老挝——鸡蛋花 …………………………… 95

意大利——雏菊 …………………………… 98

西班牙——康乃馨 ………………………… 102

以色列——银莲花 ………………………… 105

第❼章

神秘的植物——芦荟

芦荟的概述 ………………………………… 110

芦荟与健康 ………………………………… 113

芦荟与美容 ………………………………… 115

种植芦荟 …………………………………… 117

对芦荟的采收与加工 ……………………… 120

芦荟的治疗作用 …………………………… 123

第❽章

植物食用宝典

百　合 ……………………………………… 126

花　粥 ……………………………………… 128

桔梗花 …………………………………… 130

兰 花 …………………………………… 133

银杏叶 …………………………………… 135

第❾章
植物的养生

枸杞最适合用来消除疲劳 …………………… 138

室内植物养生解惑攻略 …………………… 140

栽花种草让你神清气爽 …………………… 143

消痰止咳的紫菀 …………………… 145

尝遍百果能成仙 …………………… 147

春天赏花胜服药 …………………… 150

植

物世界的奥秘

第一章

ZHIWUSHIJIEDEAOMI

　　自古以来，植物一直在默默地改善和美化着人类的生活环境。绿色植物依靠光合作用维持生长，吸收二氧化碳，释放出人类维持生命的氧。据调查，林区空气中有较多的负氧离子，吸入人体后，可以调节大脑皮层的兴奋和抑制过程，提高机体免疫力，并对气管炎、失眠有很好的疗效。也有许多植物可以分泌杀菌物质，可以杀死结核菌、肺炎病菌等。一棵松树一夜能分泌2千克杀菌物质，可以杀死白喉、痢疾等病菌。可以说，没有植物就没有人类。

植物的起源

Zhi Wu De Qi Yuan

植物是什么？一个大家都懂又不懂的问题。植物一词很容易让人联想到植物就是不会动的生物。是的，植物就是一种不会动的生物。植物的世界不仅仅给人类带来氧气，供人类进行呼吸，还给人的生活增添了完美的一笔。植物的利用价值也比较高，人们可以在居家、工作中将植物合理利用。人们在日常生活中，还可以享受到植物带来的意境。

人类最早对植物的认识和使用是在远古的旧石器时代，这些认识都是人类在寻找食物的过程中，通过采集不同植物的种子、茎、根和果实而慢慢累积起来的。在希腊、埃及、巴比伦、中国、印度等文明古国中，有很多有关植物知识的记述。如中国的《诗经》就记载了古人"多识于鸟兽草木之名"。

地球上最早的植物是菌类和藻类，后来随着时代的变迁，藻类生物发展得非常繁盛。直到四亿三千八百万年前的志留纪时期，一些藻类生

※ 植物

物开始摆脱水域环境的束缚，首次登陆大地，最后进化为蕨类植物，标志着大地开始出现植物类生物。到了三亿六千万年前的石炭纪，蕨类植物开始大面积地出现绝种现象，仅有一部分生存了下来。但是现在的世界已经是石松类、楔叶类、真蕨类和种子蕨类的世界了，这些种子形成的沼泽森林遍布大陆的每一个角落。古生代盛产的主要植物于二亿四千八百万年前（三叠纪）几乎全部灭绝，而裸子植物开始兴起，进化出花粉管，并完全摆脱对水的依赖，形成茂密的森林。到了一亿四千五百万年前的白垩纪时代，被子植物开始出现，并在白垩纪晚期迅速发展，取代了裸子植物在陆地上的主导地位，形成被子植物时代，并一直延续到现在，例如现在的松、柏，甚至像水杉、红杉等植物，都是在那个时期进化出现的。

植物的生长和人类的生长一样都离不开氧气和水分。植物界孕育生命的初始地就是海洋。海洋是孕育生命的摇篮，蓝藻和细菌是海洋中出现的最早的植物，也是地球早期出现的生物。这些生物在结构上比蛋白质团要完善得多，但是和现在最简单的生物相比却还是要简单得多。这些生物没有细胞结构，连细胞核也没有，因此被称为原核生物。但是地球上的蓝藻数量极多，且繁殖速度很快，这些生物在新陈代谢时可以释放出氧气，它在改造大气成分上做出了惊人的成绩。在随后的生物进化过程中，逐渐出现了产生可以利用太阳光和无机物制造有机物质的生物，这种生物还进化出了细胞核，如红藻、绿藻等新类型。藻类在地球上称霸了几万世纪后，它们植物体的组织发展得逐渐复杂起来，达到了更完善的程度。随着气候的变迁，生长在水里的一些藻类被迫接触陆地，逐渐演化为蕨类植物，也就是裸子植物。又经过了大约一亿年的演变，地球的大陆上又出现了新的植物物种，这些植物种类一直衍生到今天，它就是今天我们随处都可见到的被子植物。

植物的进化也是经过了漫长的岁月，几经演变，几经兴衰。它们由最初的无生命力到今天生命力活跃，由低级到高级，由简单到复杂，由水生到陆生，经过这样复杂的发展历程，才出现了现代生活中的这些形形色色的植物种类。在植物演变和发展的过程中，苔藓植物因为结构和生殖上的特点，限制了其进一步向陆生生活的发展，而蕨类植物由于能更好地适应陆生生活，所以得到了很好的发展，有一部分原始蕨类植物甚至逐渐进化成为种子植物。

·植物有记忆力吗·

  科学家白克斯特曾经设计过这样一个实验，他让自己的几个学生蒙上眼睛抽签，中签者要在不为人知的情况下，把实验室里两棵植物中的其中一棵拔出来，放在地上践踏、弄毁。之后，白克斯特再把完好的那一棵植物接上测谎器。实验的结果是：植物只对其中一人有反应，凶手一目了然。接着，白克斯特通过一系列的实验证明，植物和悉心照顾它的人之间存在感应相通的关系，而且不受距离的影响，但是这种关系往往也成为一些实验中的干扰因素，为了排除类似这样的干扰因素，白克斯特在不同学科科学家的帮助下，设计了一个彻底排除人力介入的实验。这次实验的过程和结果发表于1968年的《国际心理玄学期刊》第十卷，标题是——植物基础知觉的证据。

| 拓展思考 |

1. 你了解植物了吗？
2. 植物分为哪几类？根据什么来划分的？

植物的分类

Zhi Wu De Fen Lei

一群多细胞的真核生物构成了形形色色的植物界。这些多细胞的真核生物都具有细胞壁，大多数都含有叶绿体，可自主地进行光合作用，制造出供给自身生长的养分。植物依据不同的分类方式可分为不同的类型，依据营养来源的不同分为自养型和异养型；依据是否形成种子分为孢子植物和种子植物；还可依据种子结构、主要特征等进行分类。

※ 墙藓植物

第一，根据植物的营养来源分为自养与异养。

自养植物就是能自己合成有机物的自养型植物。通常是指绿色植物，自养植物包括孢子植物和种子植物。

异养植物就是依赖于现成有机物的植物，包括寄生植物（菟丝草）、腐生植物（苁蓉）、食虫植物（猪笼草）和食菌植物（天麻）。

※ （猪笼草）

第二，植物依据能否形成种子可分为种子植物和孢子植物。

孢子植物是通过孢子来进行生殖的，它可以划分为藻类、苔藓类和蕨类植物。孢子植物的进化顺序由高到低为：蕨类、苔类、藻类。藻类大都生活在水中，无根、茎、叶等器官分化，例如衣藻、水绵等；苔类大都生活在阴湿的地方，植株矮小，有茎、叶分化，有假根，无输导组织，叶片仅有一层细胞，例如：墙藓、葫芦藓、地钱等；蕨类植物生活在阴湿环境中，有根、茎、叶的分化，根、茎、叶中均有专门的输导组织，因此可以长高，例如：满江红、卷柏等。

种子植物的适应能力很强。种子植物依据种子外面有无果皮又可以划分为被子植物（有果皮）和裸子植物（无果皮）。被子植物都是有果皮的，例如：玉米、水稻、苹果等；裸子植物都是无果皮的，例如：松、杉、柏等。

除了以上的分类之外，人们还根据植物对光照强度需求的不同，将其分为阳性植物、阴性植物和耐阴植物三大类。也可以根据植物在开花过程中对太阳光照射时间的长度和反应的不同，将其分为长日照植物、短日照植物、日中性植物和中日照植物四类。

※ 苔类植物——地钱

总之，根据不同的环境、不同的生长习性等都可以对植物进行分类，人们常说的分类也就是裸子植物和被子植物了。

※ 被子植物——水稻

▶ 知 识 窗

· 植物有感情吗？·

1973 年 5 月，加拿大的生物学博士瓦因勃格，每天对离营做 10 分钟的超声波处理，结果获得了意想不到的高产量。与此同时，美国科学家史密斯，对大豆播放"蓝色狂想曲"音乐，20 天后，每天听音乐的大豆苗重量，要比不听音乐的高出四分之一。他的实验显示，植物确实有活跃的"精神生活"，轻快的音乐能使植物感到快乐，并促使它们健康成长；反之，喧闹的噪音会给它们带来烦恼，并减缓它们的生长速度。甚至有一部分"精神脆弱"的植物，一旦遭遇严重的噪音袭击，就会枯萎死亡。

科学家们在研究植物感情的过程中，还无意中发现了更多有趣的问题，随之，一门新兴的学科——植物心理学也因此诞生。如今，在这门科学里，还有很多值得深入了解的未知之谜，有待科学家们去探索、揭晓。

拓展思考

1. 植物分类的标准有几种？
2. 裸子植物和被子植物的区别在哪里？

植物的光合作用

Zhi Wu De Guang He Zuo Yong

地球上的氧气会用完吗？人类呼吸的氧气是怎么来的？"植物的光合作用"这个名词大家肯定都知道，但是植物是如何进行光合作用的？

光合作用是一系列复杂的代谢反应的总和，是生物界赖以生存的基础，也是地球碳和氧循环的重要媒介。光合作用就是光能合能的作用。光合作用是植物和某些细菌在可见光的照射下，经过光反应和碳反应，利用光合色素，将二氧化碳和水转化成有机物，并释放出氧气的生化过程。

光合作用的形成主要包括光反应过程、光合碳同化二个相互联系的步骤。光反应的过程包括原初反应和电子传递与光合磷酸化两个阶段，其中原初反应进行光能的吸收、传递和转换，它把光能转换成电能，电子传递是把电能转变为 ATP 和 NADPH2（合称同化力）这两种活跃的化学能。然后，活跃的化学能又转变为稳定的化学能，这种转变是通过碳同化过程完成的。碳同化有 C_3、C_4 和 CAM 三条途径，根据碳同化途径的不同，可以把植物分为 C_3 植物、C_4 植物和 CAM 植物。C_3 植物的途径是所有的植物所共有的，也是碳同化的主要形式，其固定 CO_2 的酶是 RuB 羧化酶。C_4 途径和 CAM 途径都不过是 CO_2 固定方式不同，最后都要在植物体内再次把 CO_2 释放出来，参与 C_3 途径合成淀粉等。C_4 途径和 CAM 途径固定 CO_2 的酶都是 PEP 羧化酶，其对 CO_2 的亲和力大于 RuB 羧化酶，C_4 途径起着 CO_2 泵的作用。CAM 途径的特点是夜间气孔开放，吸收并固定 CO_2 形成苹果酸；昼间气孔关闭，利用夜间形成的苹果酸脱羧所释放的 CO_2，通过 C_3 途径形成糖。所以，这就是植物在长期进化过程中所形成的适应性。

※ 植物

植物和其他生物不一样，它们不具有消化系统，所以必须靠其他的方式来进行营养的吸收，这就是所谓的自养生物。对于这些绿色植物来说，在阳光充足的条件下，它们会利用光的能量来进行光合作用，通过光合作用来吸收它们所需要的养分，然后再释放出来氧气。在进行光合作用的时候，植物内部的叶绿体是植物与光之间重要的媒介。叶绿体在阳光的作用下，把经由气孔进入叶子内部的二氧化碳和由根部吸收的水转变成为淀粉，同时释放氧气。这也就是我们其他生物所呼吸的氧气，所以我们要爱护树木，爱护这些植物，让它们为我们这个宇宙释放出更多的氧气。

　　植物的光合作用，对于农业生产、环保等领域都起着基础指导作用。人们知道光反应、暗反应的影响因素，可以趋利避害，如建造温室，加快空气流通，使农作物增产。人们又了解到二磷酸核酮糖羧化酶的两面性，即既催化光合作用，又会推动光呼吸，因此正在尝试对其进行改造，减少后者，避免有机物和能量的消耗，提高农作物的产量。

　　当了解到光合作用与植物呼吸的关系后，人们就可以更好地布置家居植物摆设。比如晚上就不应把植物放到室内，以避免因植物呼吸而引起室内二氧化碳浓度增高。

▶ 知 识 窗

·什么是光呼吸？·

　　光呼吸是植物的绿色细胞在光照下吸收氧气释放 CO_2 的反应，这种反应需叶绿体参与，仅在光照下与光合作用同时发生，光呼吸底物乙醇酸主要由光合作用的碳代谢提供。光呼吸与光合作用伴随发生的根本原因主要是由 Rubisco 的性质决定的。Rubisco 是双功能酶，它既可催化羧化反应，又可以催化加氧反应，即 CO_2 和 O_2 竞争 Rubisco 同一个活性部位，并互为加氧与羧化反应的抑制剂。因此在 O_2 和 CO_2 共存的大气中，光呼吸与光合作用同时进行，伴随发生，既相互抑制又相互促进，如光合放氧可促进加氧反应，而光呼吸释放的 CO_2 又可作为光合作用的底物。

‖拓展思考‖

1. 什么是光合作用？
2. 光合作用的重要意义？
3. 如何用实验证实光合作用中释放的氧气来自于水？

植物的多样性

Zhi Wu De Duo Yang Xing

植物的多样性，指的就是植物在物种水平上的多样性，这不仅是指一个地区内物种的多样化，还可以指全球范围内的物种的多样性。

植物生态习性和生态系统的多样性，指的是植物在长期进化的过程中和生态环境之间所形成的多种多样的生态适应性以及植物群落、生态过程变化的多样化。植物的生态适应性使得植物在各自的生态系统中占据了一定的生态地位，植物也可以稳定地生存在各自特定的环境条件下，如寄生植物、腐生植物、共生植物、食虫植物以及热带雨林中的绞杀植物等。植物是生态系统中的生产者，一般生态系统也都是以植物的物种来命名的，所以生态系统的多样性是和植物息息相关的。

◎藻类植物的多样性

目前，植物界包含 55 万种以上的植物。藻类植物，特别是绿藻被认为可能是高等植物类共同的祖先。也就是说，没有藻类植物就没有现在的高等植物，也就没有人类和其他陆栖动物的发展。

中国的藻类主要包括：原核生物中的蓝藻门，原生生物的硅藻门、甲藻门、金藻门、黄藻门、隐藻门、裸藻门，以及属于植物界的红藻门、褐藻门、绿藻门和轮藻门，其中已记录的海藻共 2 458 种。

中国幅员辽阔，自然环境复杂多样，因此，中国淡水藻类资源十分丰富。近一个世纪的调查研究表明，淡水藻类中的各个门类在中国也都有发现，并且种类都非常丰富。已知全世界藻类植物约有 40 000 种，其中淡水藻类有 25 000 种左右，而中国已发现的淡水藻类约 9 000 种。但是，国内也有不少地区尚未进行过藻类调查，即使已进行藻类调查的有些地区，也并不十分全面，加之多数门类的淡水藻类在中国的调查研究还缺乏深度和广度，因此中国淡水藻类的物种数可能远远超过 9 000 种，估计约有 12 000～15 000 种。

淡水红藻和褐藻是海陆演变过程中残留在淡水中的孑遗生物，这类植物几乎都生长在清洁、温度偏低且较稳定的水体环境中，如泉水、井水、溪水中（特别是泉水环境），其分布区相当狭窄，而且还具有一定的封闭性。由于孑遗生物在这些环境中长期适应的结果，最后还形成了不少珍稀特有的种类，这对研究地球环境的变化及生物自身的演变具有较高的学术价值。孑遗生物在世界各地的淡水中均分布得比较稀少。半个世纪以来，中国一直在对这些藻类进行采集和研究，发现有些种类仅记录到一次。这样的藻类共有12种，包括淡水褐藻类的层状石皮藻，以及淡水红藻类的绞纽串珠藻、中华串珠藻、中华链珠藻、中华鱼子菜和鹧鸪菜窄变种等，它们也都被列入了珍稀物种的行列。

◎中国地衣的多样性

地衣是一群特殊的真菌，它们通常与藻类或蓝细菌处于互惠共生的生态系统中才能生存于自然界，所以，地衣本身也是共生生态系统多样性的体现。迄今为止，全世界已知的地衣物种约20 000种，在中国还不到2 000种。就在这2 000种中约200种为中国所特有。无论是全世界还是中国，实际存在的地衣物种远不止这个数字。尤其是中国，因为中国的地衣物种多样性调查研究才刚刚起步。

◎苔藓植物的多样性

苔藓植物可以分为苔类、角苔类和藓三大类，总共约有23 000种，其中藓类植物至少有10 000种，苔类植物最常见的是地钱，藓类植物最常见的是葫芦藓。

苔藓植物通常生活在潮湿的环境中，其植株矮小，高不过20厘米，有叶状体和拟茎叶体两种。苔藓植物体的核相是单倍的。植株多有单列细胞组成的假根，作为固着的结构。苔藓植物是最早一群陆生植物，植物体的地上部分表面具有防止水分散失的角质膜，孢子壁具有孢粉素。精卵的结构有了由细胞围成的保护套，这样也保证了内部环境的湿度；胚性孢子体在配子体组织内部开始发育，直至成熟，孢子体仍然得到配子体的营养供应。

※ 中国地衣

苔藓植物的生殖结构称为精子器

和颈卵器。当颈卵器成熟时，颈沟细胞与腹沟细胞消失，口部张开，具鞭毛的精子经水的媒介游入，与腹中的卵结合，形成合子。合子不离开母体，经由胚的发育阶段，形成孢子体。孢子体内形成孢子。孢子成熟时散布，落地后萌发，形成原丝体，再发育成配子体，这样就完成了一个生活周期。

大多数苔藓植物都生长缓慢，除了泥炭藓之外。泥炭藓生长颇快，每公顷的生长量可以达到 12 吨，相当于玉米的 2 倍。泥炭藓属约有 350 种，都生于沼泽或森林洼地，往往占据广大面积，叶无中肋，具有叶绿体的长细胞和不含叶绿体的大细胞，大细胞成熟死去之后能大量吸水，茎亦有大而空的吸水细胞，其吸水能力为棉花的 5 倍，因此凡生长泥炭藓的地方一定是潮湿之地。

在我国，陆地生态系统中有森林 212 类、灌丛 113 类、草甸 77 类、沼泽 19 类、红树林 18 类、草原 55 类、荒漠 52 类、冻原及高山垫状植被 17 类；水生生态系统中有各类河流生态系统、湖泊生态系统以及海洋生态系统等。除此之外，还有多种多样的田地、果园、防护林等农田生态系统，举不胜举。

※ 苔藓植物——泥炭藓

知识窗

·植物的呼吸·

植物的呼吸作用，通常是指高等植物代谢的重要组成部分，并且和植物的生命活动关系密切。生物细胞通过呼吸作用将物质不断分解，为植物体内的各种生命活动提供所需能量和合成重要有机物的原料，同时还可增强植物的抗病能力。呼吸作用是植物体内代谢的枢纽。根据是否需氧，呼吸作用分为有氧呼吸和无氧呼吸两种类型。通常情况下，所有高等植物进行呼吸的主要形式都是有氧呼吸。不过在缺氧条件和特殊组织中，植物也可以进行无氧呼吸，以维持正常的代谢。

拓展思考

1. 观察藻类植物的多样性？
2. 根据植物的多样性学习生物的多样性？

植物界的奥秘
Zhi Wu Jie De Ao Mi

色在植物的世界里，有好多神奇的事情，让人赞叹不已，这些色彩斑斓、葱郁翠绿的植物有着它们自己的思想，有的植物之间还会进行厮杀。我们都知道，人有报复行为，动物有报复行为，但是植物也有"报复"行为吗？人有左手、右手之分，那么植物也会有吗？植物的血型是什么，是汁液吗？这一系列的问题都已经被科学家解开了，在植物界里面还有很多奇怪的事情，需要我们更多地去了解、去探索。

◎植物的"报复"行为

植物是存在"报复"行为的。因为世界之大，无奇不有，但是植物的"报复"行为是如何被定义的呢？

科学家曾经在秘鲁千多拉斯山里考察发现一种不到半米高、有如脸盆大小的野花。这种野花都由 5 个花瓣组成，每个花瓣的边缘都生满了尖刺。只要碰它一下，它的花瓣就会猛地飞弹出来伤人，轻者会流血，重者则会留下永久的疤痕。

非洲的马达加斯加岛上还生长着一种怪树，这棵树形状似一个巨大的菠萝蜜，高约 3 米，树干呈圆筒状，枝条如蛇，这棵树被当地人称为蛇树。这种树极为敏感，一旦有人碰到树枝，就会被认为是敌对行为，所以很快被这棵树缠住，轻则脱皮，重则会有生命危险。

其实，植物的"报复"行为并不像动物和人类的报复行为一样，植物的"报复"行为只是它们自我保护的一种方式而已。

◎植物中的"左右撇子"

植物中的"左右撇子"，还真是稀奇。它们是如何被人们分辨成左右撇子呢？

其时植物界的"左右撇子"是由它们的叶子或是它们的外表而决定的。右撇子的植物它们的左边一般都会生长得特别的好，相反左撇子的植物右边生长得特别好，所以它们的这个特征就被人们习惯地称为了

"左右撇子"。锦葵和菜豆是植物中左撇子的典型例子。生物学家发现，锦葵的左旋叶子是右旋叶子的 4.6 倍；菜豆的左旋叶子则是右旋叶子的 2.3 倍。与此相反，大麦和小麦却都是右撇子，大麦的右旋叶子是左旋的 17.5 倍。

◎植物的"血型之谜"

植物有血型吗？根据我们所学的知识，只知道植物体内是存有大量汁液的，但是植物的血型就是指它们的汁液吗？据相关报道，前不久在日本中部地区的某县发生了一次车祸，其中一名儿童被撞伤，但是肇事司机开车逃跑了。后来警察在一个乡村发现了这辆汽车，经过验证轮子上的血型，除了有被撞儿童的 O 型血外，还有 B 型血和 AB 型血。当时警察认为，这辆汽车除了撞伤这位儿童外，还撞伤或撞死过其他人，但司机只承认撞伤了那名儿童，不承认还撞过其他人。后来经过科学研究所的验证，其余两种血型可能是植物的血型，这样才使案件得到正确处理。除此之外，植物血型还对破案有帮助。例如，对受害者胃里的食物进行化验分析，能够得知死者在被害前吃过什么东西，也许就能发现破案线索。

科学家对植物血型的探索刚刚开始，拥有的资料并不多。对植物体内为何会存在血型物质，血型物质对植物本身有什么意义等问题，还没有完全弄清楚，这些问题还等着科学家进一步地研究和探索。随着研究工作的不断深入和发展，人们可能会揭示出植物血型在其他方面的广泛用途。现在，科学家已经称苹果、草莓、西瓜为 O 型，枝状水藻等为 B 型，李子、葡萄、荞麦等属于 AB 型。只是至今还没有发现有 A 型的植物。也许不久之后，A 型的植物就出现了。

◎会"走路"的植物

植物会走路吗？这真的让人很难想象。在美国东部和西部地区生长着一种叫"苏醒树"的植物。苏醒树需要吸收大量的水，它在水分充足的情况下就会扎根生长，但是一旦缺水，它就又会把它的根从泥土中抽出来，然后缩成一个球体，顺风而走，直到找到下一个水源充足的地方。

生长在我国东北部戈壁的风滚草和苏醒树差不多，风滚草在干旱来临的时候，也会缩成一团随风而走，去寻找水分充足的地方。所以说，世界

※ 苏醒树

之大，无奇不有，植物的奥秘也变得多姿多彩。

◎会吃动物的植物

　　植物并没有消化系统，这是我们知道的，但是植物会吃植物，这又是怎么回事？动物吃植物的现象特别的多，但是植物吃动物还真是少见。

※ 捕蝇草

　　其实也有植物是"吃"动物或植物的。最常见的会吃动物的植物有茅膏菜、捕蝇草、猪笼草、瓶子草等，它们一般生长在较为贫瘠的环境中，为了获取生长所需的营养物质，它们的某些部位，如叶子，特化成捕虫囊，借以捕食蚊、蝇和小型的甲虫等。

·植物常见的分类?·

植物界是由一群多细胞的真核生物组成的,这些生物都具有细胞壁,大多数都含有叶绿体,可自主进行光合作用,制造出供给自身生长所需要的养分。这一群生物最早是由海洋中的绿藻类演化而来的,依演化的先后,可分为苔藓植物、蕨类植物、裸子植物和被子植物。

| 拓展思考 |

1. 植物有"血型"吗?
2. 植物会吃动物吗?

青少年应该知道的植物百科知识

植物之最

第二章

ZHIWUZHIZUI

　　世界之最不仅是每一个孩子津津乐道的话题也是大人之间讨论火热的话题，例如：最厉害的宇宙爆炸、身材最大的恐龙、最短命的鱼、射程最远的导弹、最便宜的机器人，等等。世界上不光有世界之最，在每一个生态系统中都有它的之最，当然植物界也是有的。本章节就选取了其中的一小部分供青少年读者了解，以便于将来青少年能更清楚更广泛地去了解更多的植物之最。

最大的花——巨海芋

Zui Da De Hua——Ju Hai Yu

世界上最大的花是巨海芋。巨海芋开花是在美国首都华盛顿国家植物园被发现的。2003年7月23日，大批的人都涌向美国首都华盛顿国家植物园，观看世界最大的花——巨海芋开花。巨海芋只有印尼热带雨林才生长，花高1.3米，花期只有48个小时。2003年7月23日是美国十年前引入植物园的巨海芋开的第一次花。

巨海芋原产于印度尼西亚的苏门答腊岛，花朵直径长达1.33米，重约100千克，它一天就可以长1.8～2.1米。平均高2米（最高可达2.9米）。巨海芋完全开花后，会释放出一种极其难闻的味道，如腐烂的肉或鱼的恶臭，因此它也被称为是"尸花"，这种花在1878年才被人们发现。

巨海芋的花期为48个小时，这么短的时间它是如何来传播它的花粉

※ 最大的花——巨海芋

呢？巨海芋生活在苏门答腊岛的丛林中，说明它在夜间的时候，树冠下会形成更冷的空气，会阻止其气味的上升和扩散。通过长这么高并喷射热蒸气，说明这些腐尸味鲜花能克服这一局限，从而让温暖气味上升并广泛扩散到树冠上空，吸引传授花粉的昆虫从四处飞来。科学家巴斯洛特说："这可以解释为何此花如此之大。它就像雨林中的火炬，向天空发出一阵阵腐尸味。"他表示高生长和热量产生都需要巨大能耗，这可以解释此花为何只能开两个晚上的原因，不过两个晚上就有足够时间来吸引昆虫，然后通过这些昆虫来给它传播花粉。

▶知识窗

·害羞的植物——含羞草·

含羞草是一种多年生草本植物。我们知道，植物与动物不同，它们没有神经系统，也没有肌肉，所以它们不会感知外界的刺激。但是，含羞草却与一般的植物不同，当它受到外界刺激时，叶柄就会下垂，小叶片会合闭，这种动作被人们理解为"害羞"，因而将其称为含羞草。

传说，杨玉环在刚入宫的时候，由于见不到君王而终日愁眉不展。有一次，她和宫女们一起到宫苑赏花，无意中碰到了含羞草，草的叶子立即卷了起来。宫女们都说这是杨玉环的美貌，使得花草自惭形秽，羞得抬不起头来。唐明皇听说宫中有个"羞花的美人"，于是就立即召见了她，并将她封为贵妃。从此以后，人们就把"羞花"一词当作杨贵妃的雅称了。

拓展思考

1. 巨海芋如何传播花粉？
2. 巨海芋属于植物中的哪一类？

陆地上最长的植物——白藤

Lu Di Shang Zui Chang De Zhi Wu——Bai Teng

白藤被称为陆地上最长的植物，它原产于非洲的热带森林里，在中国的海南岛也可以看见它的踪影。白藤的茎不仅长，而且还很细，可以说是植物界里的"瘦长个子"。它的茎的直径只有 4～5 厘米，一般长度可达 300 米，最长的有 500 米。白藤以树作为支柱，使长茎向下坠，沿着树干盘旋缠绕，形成许多怪圈，因此人们给它取了另一个名字叫"鬼索"，人们很容易被它绊倒。由于白藤的茎稍向下坠时，又会向上爬，爬爬坠坠，坠坠爬爬，所以被称为世界上最长的植物。

※ 陆地上最长的植物——白藤

◎白藤的形态特征

白藤还有其他的名字：大发汗、白花藤、大毛豆、断肠叶等。白藤茎很细，有小酒盅口那样粗，有的还要更细些，有长的节间。白藤的顶部长着一束羽毛状的叶，叶面还长尖刺，无纤鞭，裂片每侧 7～11 枚，上部 4～6 枚聚生，两侧的单生或 2～3 枚成束，之间距离较远。茎的上部直到茎梢又长又结实，也长满又大又尖往下弯的硬刺。因为白藤的茎很长，顶部又长了刺，所以它就像一根带刺的长鞭，随风在空中摇摆，一碰到一些大的树就紧紧地攀住树干不放，并很快地长出一束又一束的新叶，接着它就顺着这个树干继续向上爬，等它长到树顶的时候还是继续向上爬，但是没有了树干支撑，它长出的支条就会向地面坠。白藤生于山坡灌木丛中或河边阴湿地。

◎白藤的生活习性及用途

白藤也是喜欢见阳光的植物，疏松、含腐殖质多的土壤是它的最爱，它在生长期间需要多浇水，冬季的温度不能低于 18℃，还需要充足的阳光。白藤是用种子来繁殖的，秋冬果实成熟时采收，采后即播，或用湿沙贮藏，3～4月催芽播种。在整好的苗床上，按行距20厘米开沟，沟深4～5厘米，条播，播后盖上与畦面子齐。苗培育2～3年，3～4月，按行株距2米×1.5米开穴，每穴栽1株，填土，浇水保苗。

※ 白藤编织的工艺品

白藤的茎可以用来编织藤椅、篮、席等。用海南红藤、白藤编制的各种工艺品，不仅坚韧、光滑、美观大方，而且结实耐用。主要品种有提篮、夜箩、藤椅、花盆架、字画屏风等。其他工艺品、纪念品，如海南省龙塘艺术陶瓷、墨陶和唐三彩画，是近年发展起来非常有特点的工艺品。

◎白藤的药用价值

白藤不仅可以用来编制漂亮的工艺品，还可以作为药用。白藤采集好之后，需要晒干、切碎。白藤药的性味：淡辛，温，有毒，有点苦，微咸。白藤的功能主治：发汗，祛风，活血，止血。可治疗风寒感冒，类风湿关节炎，跌打损伤，闭经，外伤出血。白藤的用法：内服，煎汤，研末或浸酒。白藤也可以外用：捣敷或研末之后敷到伤口处。

◎白藤的商用价值

白藤主要生长于海南岛，不过现在由于热带森林面积锐减，野生资源因白藤编制的工艺品过度开发而枯竭，优良藤种濒危，导致原藤产量和品质下降。目前，岛内原藤仅能满足小型藤器加工厂的原料需求。海南陵水藤竹工艺品有限公司是海南最大的藤竹制品加工企业，产品的90％出口，明显供不应求。为满足藤器加工的需要，每年需大量进口原藤。红、白藤是制作高档家私的优质棕榈藤，大力发展红、白藤人工种植，有着巨大的商业前景。商人对白藤的预期效益：红、白藤人工种植四年后可采收，平均每亩红藤产量2.5吨，500亩红藤产量为1 250吨，目前市场价为2 000元/吨，产值达250万元；平均每亩白藤产量2吨，500亩白藤产量1 000吨，目前市场价为3 000元/吨，产值达300万元。

知 识 窗

·树冠最大的树·

俗话说"大树底下好乘凉"。那什么树下可供乘凉的人数最多呢？那就是生长在孟加拉的一种榕树，它的树冠可以覆盖十五亩左右的土地，相当于半个足球场那么大。

孟加拉榕树枝叶茂密，能由树枝向下生根。这些根有的悬挂在半空中，从空气中吸收水分和养料，叫"气根"。气根大多直达地面，扎入土中，起着吸收养分和支持树枝的作用。这些直立的气根，就好像树干，一棵榕树最多可以有4 000多根，远远望去，就像一片树林。当地人称这种榕树为"独木林"。据说，曾有一支六七千人的军队一起在一株大榕树下乘过凉。而当地的人们，还在一棵老的孟加拉榕树下，开办了一个人来人往热闹非凡的市场。世界上再也没有比这更大的树冠了。

拓展思考

1. 以白藤作为药的都有哪些？
2. 白藤属于哪类植物？

最高的树——杏仁桉树

Zui Gao De Shu——Xing Ren An Shu

杏 仁桉树是植物界中最高的树，平均高度在 100 多米，最高的有 156 米，相当于 50 多层楼那么高，位于云南的西双版纳傣族自治州。杏仁桉树不仅长得高，而且长得特别直，像插入云端的梯子一样。如果有鸟在上面唱歌，你在树底下根本听不到，所以杏仁桉树被人们称为最高的树。

◎杏仁桉树的简介

杏仁桉树产于我国云南的西双版纳傣族自治州。杏仁桉树也叫杏仁香桉，属桃金娘科，生长在大洋洲的半干旱地区。杏仁桉树的枝干没有什么枝杈，笔直向上，越向上，其枝干就越细，等到了顶端才长出叶子。这种树形有利于避免风害。杏仁桉树的树基粗得惊人，最大的直径近 10 米。据说，一棵杏仁桉树每年可蒸发掉 17.5 万千克水分，所以一般生长在水分充足的地方。它的树叶细长弯曲，而且侧面朝上，叶面与日光投射的方向平行，用来防止日光灼伤，所以分布于炎热地区。

◎杏仁桉树的外形特征

杏仁桉树长得非常奇特，它在 90 米以下，没有任何东西。而在 90 米以上，叶子会突然非常的茂盛，可以和法国梧桐树媲美了。杏仁桉树的根还扎得非常牢，9 级的风也刮不倒它。杏仁桉树的叶子长得十分奇怪，一般树的叶是表面朝天，而它是侧面朝天，像倒立在树上一样，与阳光的投射方向在一个角度上。据说，杏仁桉树的奇怪长相是为了适应气候干燥、阳光强烈的环境，减少阳光直射，防止水分过分蒸发。

◎杏仁桉树的作用

杏仁桉树树姿优美，四季常青，生长异常迅速，有萌芽更新及改善沼泽地的能力，所以杏仁桉树宜作园林绿化树种。树叶含芳香油，有杀菌驱蚊作用，可提炼香油，供于疗养之用。俗话说"大树底下好乘凉"，可是这么高大的杏仁桉树下却几乎没有阴凉。因为它的树叶细长弯曲，而且侧面朝上，叶面与日光投射的方向平行，犹如垂挂在树杈上一样，阳光都从树叶的缝隙处倾泻了下来。

生长在澳大利亚的杏仁桉树，由于澳大利亚的气候非常干燥，白天的阳光非常强烈，所以树木的蒸发量很大。为了适应这种环境，杏仁桉树的叶子表面跟光线平行，以减少水分的蒸发。杏仁桉树是一种快速生长的树种，每年能长高 4 米，通常十年能够成材。一棵杏仁桉树可长到 100 米以上的高度，因此杏仁桉树有"树中仙女"之称。杏仁桉树的木材紧重致密，是建筑和造船的良材。杏仁桉树最适合做帆船的桅杆。桉树中可以提炼出大量的鞣质，桉叶中可以蒸馏出桉叶油，它们是化学工业和医药工业的重要原料。

杏仁桉树的木材是制造舟、车、电杆等的极好材料。还可以从它的树木中提炼出有价值的鞣料或树胶。杏仁桉树的叶子有一种特殊的香味，可用来炼制桉叶油，有疏风解热、抑菌消炎、止痒的医疗作用。桉叶糖的主要原料之一就是桉叶油，有清凉止咳之功效。

▌知识窗

·最矮的树·

我们所见到的树木一般能长到 20～30 米高。一种叫紫金牛的小灌木生活在温带的树林下，它绿叶红果，人们喜爱把它作为盆景来欣赏。它最高也不过 30 厘米，所以大家为它起一个绰号"老勿大"。不过"老勿大"比起世界最矮的树，还要高出 6 倍。世界上最矮的树叫矮柳，生长在高山冻土带。它的茎伏在地面上，抽出枝条，长出像杨柳一样的花序，最高不过 5 厘米。如果拿杏仁桉树的高度与矮柳相比，一高一矮相差 15 000 倍。生长在北极圈附近高山上的矮北极桦与矮柳差不多高，据说那里的蘑菇，长得比矮北极桦还要高。

为什么高山植物长不高呢？原因是那里的温度极低，空气稀薄，风又大，受阳光直射，而只有那些矮小的植物，才能适应这种环境。

▌拓展思考▐

1. 杏仁桉树的保护价值？
2. 杏仁桉树的主要功能？

青少年应该知道的植物百科知识

最硬的树——铁桦树

Zui Ying De Shu——Tie Hua Shu

铁桦树是植物界里最硬的树，被称为硬度冠军，子弹打在它的木头上，就像打在厚钢板上一样，没有一点痕迹。

铁桦树的木质特别坚硬，比橡树要硬 3 倍。铁桦树为落叶乔木，花单性，雌雄同株，柔荑花序，坚果，两侧具膜质翅。铁桦树的生长范围不广，主要分布在朝鲜内部和朝鲜与中国接壤地区，俄罗斯南部海滨一带也有一些。铁桦树是一种珍贵的树木，树干的直径约 70 厘米，寿命约 300～350 年。铁桦树的树皮颜色呈暗红色或接近黑色，上面密布着白色的斑点。它的树叶呈椭圆形。铁桦树还有一些奇妙的特性，由于它质地极为致密，所以一放到水里就往下沉。即使把它长期浸泡在水里，它的内部仍能保持干燥。铁桦树是靠种子繁殖的，为桦木科，桦属植物，它的种子靠风力传播。铁桦树喜欢阳光，耐寒，耐干旱。

由于铁桦树的硬度非常高，所以人们用它来做滚球、轴承，这些都被

※ 铁桦树

用在快艇上。

铁桦树的木质之所以如此坚硬，是由于吸入了大量硅元素的缘故。

·木材最轻的树·

在美洲热带森林里生长的轻木，又叫巴沙木，是生长最快的树木之一，也是世界上最轻的木材。它树干高大，四季常青。叶子像梧桐，五片黄白色的花瓣像芙蓉花，果实裂开就像棉花。我国台湾南部在很早的时候就引种了。后来才在广东、福建等地广泛栽培，并且长得很好。

说轻木是最轻的木材，是因为木材每立方厘米仅 0.1 克重，只有同体积水重量的十分之一。我们用白杨做的火柴棒都比它重三倍半。不过它的木材质地虽轻，结构却很是牢固，所以它可以作为航空、航海以及其他特种工艺的宝贵原材料。当地的居民很早的时候用它作木筏，往来于岛屿之间，我们用的保温瓶上的瓶塞就是用它做的。

| 拓展思考 |

1. 铁桦树的特性？
2. 根据对铁桦树的了解，最硬的物质元素是什么呢？

最短命的植物——短命菊

Zui Duan Ming De Zhi Wu——Duan Ming Ju

短命菊是所有植物里面寿命最短的植物。其实，不管是在植物界还是在动物界里，都有长寿生物和短寿生物。而植物界里面，木本植物比草本植物的寿命要长得多。植物界里的"寿星"都是出自木本植物里，而一般的草本植物就只能活短短的几个月。

其实，植物寿命的长短与它的生活条件有着密切的关系。有的植物为了使自己在严酷、恶劣的环境中生存下去，经过长期艰苦的"锻炼"，最终练出了迅速生长和迅速开花结实的本领。

短命菊的花属舌状花，花排列在头状花序周围，像锯齿一样。有趣的是，短命菊的花对湿度极其敏感，当空气干燥时就赶快闭合起来；稍微湿润时就会迅速开放，然后快速结果。当短命菊的果实熟了，它就会缩成球形，随风飘滚，传播他乡，然后繁衍后代。由于它生命短促，来去匆匆，所以被称为"短命菊"。

短命菊生长在沙漠之中，由于沙漠的空气很干燥，所以它只能活两个星期。沙漠长期干旱，短命菊的种子在稍有雨水的时候，就赶紧萌芽生长，开花结果，赶在大旱来到之前，匆忙地完成它的生命周期，不然它就会"断宗绝代"的。

在大多数的草本植物里面，大部分的植物都是在当年或是隔年才开花，像水稻、玉米、棉花都是当年开花，而小麦和油菜都是隔年才开花，但是短命菊都不属于这两种。由于它生活在沙漠里，空气干燥，其寿命很短，因此它都是在出苗几个星期之后就开花结果了，然后过了三四个星期之后也就死了，这就是它的生命周期。

> ▶ 知识窗

·植物的节日·

玫瑰花节

玫瑰花是保加利亚的"国花"，所以保加利亚以"玫瑰之邦"闻名于世。每年6月的第一个星期天就是保加利亚的玫瑰节，在这一天，人们盛装打扮，云集在盛产玫瑰的卡赞利克和卡文洛优山谷。许多美丽的玫瑰姑娘会将采来的玫瑰花扎成花环献给来宾，花农们也在美丽的乐曲下跳舞，以此来庆祝玫瑰的丰收。

郁金香节

几乎每个国家都有自己国家的国花，兰花被誉为我国的"国花"。荷兰的国花是郁金香，每年最接近 5 月 13 日的那个星期三就是荷兰的郁金香节。在节日里，人们将五颜六色的郁金香扎成各式各样的花车，车上坐着人们推选的"郁金香女王"，欢乐的人们头戴花环，在荷兰的大街上，形成了一道美丽的花河。

水仙花节

在奥地利的巴特奥塞，每年都要举行一次水仙花节，时间是在每年的 3 月下旬。在水仙花节期间，会评选出当年的"水仙皇后"和"水仙公主"。由于巴特奥塞的水仙花节规模宏大，因此，每年都会有许多的游客来此地参观。

仙人掌节

墨西哥被人们称为"仙人掌国"，在每年 8 月中旬都要在米尔帕阿尔塔地区举行盛大而又隆重的仙人掌节。在节日期间，当地政府所在地张灯结彩，四周搭起餐馆，专做仙人掌食品出售。同时，还展出各种仙人掌食品，如：蜜饯、果酱、糕点及以仙人掌为原料制成的洗涤剂等生活用品，吸引了全世界各地的游客前去参观。

| 拓展思考 |

1. 短命菊在沙漠里生存的原理？
2. 短命菊的生命周期如何计算？

青少年应该知道的植物百科知识

最臭的开花植物——大花草

Zui Chou De Kai Hua Zhi Wu——Da Hua Cao

大花草寄生在像葡萄一类的白粉藤根茎上。大花草本身没有茎，也没有叶，一生也只开一朵花。大花草的花刚开的时候，还有一点儿香味，但不到几天就臭不可闻了。在自然界里香花能招引昆虫传粉，不过像大花草那样的臭花也同样能引诱某些蝇类和甲虫为它传粉。

◎大花草的简介

大花草的花只有一朵，而且特别的大，所以被称为霸王花，它是仙人掌科量天尺属植物，原产于墨西哥、广西一带。到目前为止，全世界的热带、亚热带地区均有对它的栽培。在我国主要分布于广东、广西，以广州、肇庆、佛山、岭南等为主产区，其花产品在国内外市场十分畅销，主要用于制作花馔靓汤，达到强身健体、清补养生的目的。1822年，大花草发现于苏门答腊岛，之后也被认为是世界上最大的花。大花草的生长期一般为9～21个月，而其开花期最多只能持续五天时间。大花草的另一特点就是气味难闻，散发着像一种腐烂尸体的气味。

生长在印度尼西亚苏门答腊的热带森林里的大花草，号称世界第一大花。大花草的花朵能够长到直径约1米，最大的直径可达1.4米，质量最重可达25磅，也就是10千克。大花草肉质多，颜色五彩斑斓，上面的斑点使其看上去如青春期孩子们一张长满粉刺的脸。这种植物不仅花朵巨大，还有个奇特的地方就是它无茎、无叶、无根。它会散发刺激

※ 大花草

性的腐臭气味，可以吸引逐臭昆虫来为它传粉。这种花的中间有个洞，能够承起6～7升的水。根据大花草的特点，它也被称为"大王花"或"霸王花"。

◎大花草的外形特征

大花草的花只有一朵，它的花朵有5片又大又厚的花瓣，整个花冠呈鲜红色，上面有一点点白斑，每片花朵长约30厘米，仅大花草的花瓣就有6～7千克重，因此看上去绚丽而又壮观。花心像个面盆，是世界"花王"。其花朵巨大，直径可达1米，重达10千克，是世界上最大的花朵之一。大花草的花期很短，一般只有5天，花朵开放后，为了吸引昆虫为其传粉会释放出恶臭，这种气味常常被形容成鲜牛粪或是腐肉的气味，当地人称之为"尸花"或是"腐肉花"。

◎大花草的生长习性

大花草一般生长在500～700米高度的热带雨林中，热带雨林中没有四季之分，所以不一定会在什么时候冒出来。不过，根据当地人的说法，每年的5～10月，是大花草最主要的生长季。大花草刚从地面上冒出时，大约只有乒乓球那么大，经过几个月的缓慢生长，花蕾由乒乓球般的体积，变成了甘蓝菜般的大小，接着5片肉质的花瓣缓缓张开，等花儿完全绽放已经过了两天两夜了。但是当大花草好不容易开出巨大花朵时，居然只能维持4～5天，而且在这4～5天中，花朵会不断地释放出一种奇特的臭味，像粪便一样臭，蝴蝶、蜜蜂都不愿理睬它，大型的动物也会自然回避，而让一些逐臭的昆虫来为它传粉做媒。当花瓣凋谢时，会化成一堆腐败的黑色物质。不久，果实也成熟了，里头隐藏着许许多多细小的种子，这些种子掉在哪儿，哪儿就是它的家了，它会自己发芽生根，然后一直这样持续地生活着。

▶知识窗

·芳香植物·

芳香植物经常能够给人一种很舒服的感觉，令人心旷神怡，而且它还具有很高的药用价值。因此芳香植物越来越多地被运用到生活中来，更多的是被制作成香水或者是植物精华油，在一些爱美的女士中非常受欢迎。

在日常生活中，我们经常见到的芳香植物有：薰衣草、风信子、薄荷、留兰香、迷迭香等等。据统计，芳香植物在全世界有3 600多种，但是被开发利用的仅有400余种。在中亚、中国、印度、以地中海为中心的一些欧洲国家等地区都

青少年应该知道的植物百科知识

有分布，植物学家对芳香植物的研究还在不断地进行着。

在全世界，天然香料的消费量正在不断增加，这是我国的香料加工行业面临的新的机遇，但同时也面临着挑战。

| 拓展思考 |

1. 认识大花草之后，你了解到了什么？
2. 大花草为什么那么臭？

生命力最顽强的植物——地衣

Sheng Ming Li Zui Wan Qiang De Zhi Wu——Di Yi

※ 地衣

在植物界中，地衣的生命力是最顽强的。据实验，地衣在零下273摄氏度的低温下还能生长，在真空条件下放置6年仍可以保持活力，在比沸水温度高一倍的温度下也能生存。无论沙漠、南极、北极，甚至大海龟的背上它都能生长，因此，地衣是生命力最顽强的植物。

◎地衣的简介

地衣是植物界里生命力最顽强的植物。地衣是真菌和光合生物之间稳定而又互利的联合体，真菌是其主要成员。根据地衣的生长型，可以分为壳状地衣、叶状地衣和枝状地衣三种。在地衣中，光合生物分布在内部，形成光合生物层或均匀分布在疏松的髓层中，菌丝缠绕并包围藻类。在共生关系中，光合生物层进行光合作用，为整个生物体制造有机养分，而菌类则吸收水分和无机盐，为光合生物提供光合作用的原料，并围裹光合生物细胞，以保持一定的形态和湿度。真菌和光合生物的共生不是对等的，受益多的是真菌，将它们分开培养，光合生物能生长繁殖，但菌类则被"饿"死。故有人提出了地衣是寄生在光合生物上的特殊真菌。

根据地衣的内部构造，地衣还分为异层地衣和同层地衣两类。叶状地衣一般为异层地衣，而壳状地衣多为同层地衣，很少一部分也是异层地衣，如枝状地衣等。

32

◎地衣的繁殖

地衣最常见的是营养繁殖，当地衣体断裂之后，每个裂片又都可发育成新个体。有的地衣表面由几根菌丝缠绕数个光合生物细胞所组成的粉芽也可进行繁殖。

有性生殖是参与共生的真菌独立进行的，在担子衣中为子实层体，包括担子和担孢子；在子囊衣中为子囊果，包括子囊腔、子囊壳和子囊盘。在囊腔类子囊杂乱地堆积于囊腔中；在囊层类子囊整齐地排列在子囊壳或子囊盘内。这些特征与非地衣型真菌基本上是一致的。只有一种叫分孢子囊果的繁殖体为某些地衣所独有。这种繁殖体最初是分生孢子器，随后生出子囊及侧丝，变为子囊果。

◎地衣的食用价值

在中国，地衣资源是相当丰富的。地衣不仅可以食用，还可以作为药引。据不完全统计，可供食用的地衣种类有 15 种，如皮果衣、石耳、老龙衣、网沛衣、松石蕊等。其中石耳是中国和日本著名的食用地衣。

地衣的营养价值是非常高的，内含多种氨基酸和矿物质，并且钙含量之高是蔬菜中少见的。

地衣除了是美食之外，在医学方面也有很大的价值。中国自古就用地衣中的松萝治疗肺病，用石耳来止血或消肿。李时珍在《本草纲目》中就记载了石耳的药用价值，说它有和津润喉、解热化痰的功效。石耳不仅是山珍之一，而且具有抗癌作用。地茶和雪茶是中国陕西民间常用的降压饮料。甘露衣是治疗肾炎的有效药物。

◎地衣为什么有如此顽强的生命力

地衣是植物中生命力最顽强的植物，那么地衣为什么有如此顽强的生命力呢？经过长期的研究，人们终于找到了"谜底"。原来地衣不只是一种单纯的植物，它是由两类生物"合伙"组成，一类是真菌，另一类是藻类。真菌吸收水分和无机物的本领相当大，而藻类中含有叶绿素，它以真菌吸收的水分、无机物和空气中的二氧化碳作原料，利用阳光进行光合作用，制成养料，与真菌共同享受。这种紧密的合作，就是地衣有如此顽强生命力的秘密。

·地被植物的风光·

近年来，在上海、杭州、南京、宁波等华东主要城市的公园和风景点，到处可见地被植物的身影。地被植物在城市建设中扮演着越来越重要的角色。尽管目前地被植物的种类繁多，但华东地区的地被植物应用数量仍以传统种类占主导。以杭州城市绿地为例，据调查，该市应用的地被植物种类已超过140种，其中面积较大的主要有沿阶草、吉祥草、麦冬、杜鹃、南天竺、日本栀子花、鸢尾、八角金盘、阔叶麦冬、大吴风草、紫金牛等。这些传统种类生态适应性强，成景快，应用广泛。

因常绿地被抗性强，株形、叶形多样，所以，目前华东地区应用的地被植物仍以常绿类为主，如沿阶草、吉祥草、杜鹃、南天竺等。同时，也出现了不少新优常绿地被植物种类和品种，其中颇具代表性的品种有葡枝亮绿忍冬、小叶扶芳藤、地中海荚、小叶蚊母树、迷迭香、槟榔、枔木、棕叶苔草、水鬼蕉、竹柏、棕竹、菲白竹、石菖蒲、蓝羊茅、岩白菜、马蔺等。此外，湿生类地被尤其是野生湿生类地被的应用也得到长足发展，如野菊、鸭趾草、羊蹄、荠菜、白茅、狗尾草、水芹菜、野茭白、香菇草、车前草、婆婆纳、射干、紫花苜蓿等已得到大量应用。

拓展思考

1. 地衣除了吃和治病之外还有没有其他的用途？
2. 地衣是如何繁殖的？

被子植物

BEIZIZHIWU

第三章

　　被子植物的一生，要经历生长、发育、繁殖、衰老和死亡等几个连续的过程。主要包括种子的萌发、植株的生长、植株的开花与结果等三部分。被子植物和裸子植物相比，被子植物有真正的花，故又叫有花植物；胚珠包藏在子房内，得到良好的保护，子房在受精后形成的果实既保护种子又以各种方式帮助种子散布；具有双受精现象和三倍体的胚乳，此种胚乳不是单纯的雌配子体，而具有双亲的特性，使新植物体有更强的生活力；孢子体高度发达和进一步分化，除乔木和灌木外，更多是草本；在解剖构造上，木质部中有导管，韧皮部有筛管、伴胞，使输导组织结构和生理功能更加完善，同时在化学成分上，随着被子植物的演化而不断发展和复杂化，被子植物包含了所有天然化合物的各种类型，具有多种生理活性。

什么是被子植物

Shen Me Shi Bei Zi Zhi Wu

被子植物也叫绿色开花植物，在分类学上常称为被子植物门。被子植物是植物界最高级的一类植物，也是地球上最完善、适应能力最强、出现得最晚的植物。自新生代以来，被子植物在地球上占有绝对优势。到目前为止，已知的被子植物共 1 万多属，约 20 多万种，占植物界的一半，在中国有 2 700 多属，约 3 万种。被子植物不仅种类繁多，还有极其广泛的适应性，这都是和它结构的复杂化、完善化分不开的，特别是繁殖器官的结构和生殖过程的特点，为被子植物提供了适应、抵御各种环境的内在条件，使它在生存竞争、自然选择的矛盾斗争过程中，不断产生新的变异和新的物种。

※ 被子植物

◎被子植物的简介

被子植物与裸子植物最根本的区别就是有无包皮，而被子植物是有

36

的。被子植物的特点是：具有真正的花；有雌蕊，子房包藏胚珠；具有双受精现象；孢子体高度发达，配子体进一步退化。被子植物分为两个纲，即双子叶植物纲和单子叶植物纲。

被子植物的种类繁多，因此被子植物的属种十分庞杂，形态变化很大，分布极广，粗看起来，确实难用统一的特征将所有的被子植物归成一类。因此，关于被子植物的祖先存在不同的假说，有多元论和单元论两种起源说。

被子植物出现于 1.2～1.35 亿年前的早白垩纪。在较古老的白垩纪沉积中，被子植物化石记录的数量与蕨类和裸子植物的化石相比还较少，直到距今 8 000～9 000 万年的白垩纪末期，被子植物才在地球上的大部分地区占了统治地位。

◎被子植物演化的两大学派

被子植物在演化的过程中有两个学派，分别是恩格勒学派和毛茛学派。

恩格勒学派：恩格勒学派认为裸子植物雄花的苞片变为花被，雌花的苞片变为心皮，每个雄花的小苞片消失，只剩下一个雄蕊；雌花小苞片退化后只剩下胚珠，着生于子房基部。由于裸子植物，尤其是麻黄和麻藤等都是以单性花为主，所以原始的被子植物，也必然是单性花。这种理论称为假花说，是由恩格勒学派的韦特斯坦建立起来的。

毛茛学派：毛茛学派认为被子植物的花是一个简单的孢子叶球，它是由裸子植物中早已灭绝的本内苏铁目，具两性孢子叶的球穗花进化而来的。本内苏铁的孢子叶球上具覆瓦状排列的苞片，可以演变为被子植物的花被，它们羽状分裂或不分裂的小孢子叶可发展成雄蕊，大孢子叶发展成雌蕊（心皮），其孢子叶球的轴则可以缩短成花轴。也就是说，本内苏铁植物的两性球花，可以演化成被子植物的两性整齐花。这种理论被称为真花学说。

◎被子植物的经济利用

被子植物的种类有很多，可以说是随处可见，其用途也很广。人类的大部分食物都来源于被子植物，如谷类、豆类、薯类、瓜果和蔬菜等。被子植物还为建筑、造纸、纺织、塑料制品、油料、纤维、食糖、香料、医药、树脂、鞣酸、麻醉剂、饮料等提供原料。绿色植物具有调节空气和净化环境的重要作用，据报道，地球上的绿色植物每年能提供几百亿吨宝贵的氧气，同时从空气中取走几百亿吨的二氧化碳，故绿色植物是人类和一切动物赖以生存的物质基础。其木材还可以为人类提供能源，中国的园林植物资源极为丰富，素有"世界园林之母"的雅号，栽种花卉已成为城市人们美化环境、调节空气和净化环境的重要手段。可以说被子植物与人类的生活是息息相关的。

▶ 知 识 窗

· 被子植物的五大特征 ·

（1）具有真正的花

一些典型的被子植物都是由四部分构成的，分别是花萼、花冠、雄蕊群、雌蕊群。外层部分为花萼，由萼片组成，通常呈绿色，有保护花的作用；内层为花冠，由花瓣组成，色泽鲜艳，有引诱鸟、虫传粉的作用；至于雄蕊群，则是由雄蕊组成的；子房或雌蕊群由心皮组成，能接受花粉。被子植物花的各部在数量上、形态上有极其多样的变化。而被子植物的这些变化则是在进化过程中，不断地适应虫媒、风媒、鸟媒或水媒等传粉条件，被自然界选择、保留，并不断加强造成的。

（2）具有雌蕊

由心皮构成的雌蕊，又包括子房、花柱和柱头三部分。子房内包藏有胚珠，得到子房的保护，避免了昆虫的咬噬和水分的丧失。子房在受精后发育成为果实。果实具有不同的色、香、味，多种开裂方式；果皮上常具有各种钩、刺、翅、毛。果实的这些特点，都有保护种子成熟、帮助种子散布的作用。

（3）具有双受精现象

这个现象是被子植物所特有的特征。所谓的双受精现象，就是指当两个精细胞进入胚囊以后，一个与卵细胞结合形成合子，而另一个与2个极核结合，形成3n染色体，发育为胚乳，幼胚以3n染色体的胚乳为营养，使新植物体内矛盾增大，因而具有更强的生命力。双受精现象是所有被子植物都具有的，这也是一个可以证明它们拥有共同祖先的证据。

（4）孢子体高度发达

无论是在形态、结构，还是生活习性等方面，被子植物的孢子体都比其他各类植物有着更完善化、更多样化的特征。有世界上最高大的乔木，如杏仁桉树，高达156米；也有微小如沙粒的小草本，如无根萍，每平方米水面可容纳300万个个体。有重达25千克仅含1颗种子的果实，如王棕（大王椰子）；也有轻如尘埃，5万颗种子仅重0.1克的一些附生兰。有寿命长达6千年的植物，如龙血树；也有仅在3个周内就完成开花结籽的植物，如一些生长在荒漠的十字花科类；有以水生、砂生、石生和盐碱地生的植物；也有可自养的植物。被子植物的次生木质部有导管，韧皮部有伴胞；而裸子植物中大多都有管胞，韧皮部却无伴胞，输导组织的完善使裸子植物运输畅通，从而使适应能力得到提高。

（5）配子体进一步退化

被子植物的小孢子发育成雄配子体，而成熟的雄配子体大多只有2个细胞，其中一个为营养细胞，另一个为生殖细胞。少数植物在传粉前生殖细胞就分裂1

次，产生 2 个精子，所以这类植物的雄配子体为 3 核的花粉粒，如石竹亚纲的植物和油菜、玉米、大麦、小麦等。而对于大孢子，则发育为成熟的雌配子体，称为胚囊。一般情况下，胚囊只有 8 个细胞：3 个反足细胞、2 个极核、2 个助细胞、1 个卵。反足细胞是原叶体营养部分的残余。有的植物反足细胞较多，可达 300 多个，而相反的是，有的植物在胚囊成熟时，反足细胞就消失。助细胞和卵合称卵器，是颈卵器的残余。由此可以看出，无论是被子植物的雌配子还是雄配子体都没有独立生活的能力，它们终生要寄生在孢子体上，而在结构上，更是要比裸子植物简化得多。

| 拓展思考 |

1. 被子植物的分类？
2. 被子植物与裸子植物的区别？

伯乐树

Bo Le Shu

伯乐树是被子植物的一种。伯乐树又名钟萼木，分布于台湾（台北）、浙江、福建、江西、湖南、湖北、贵州、四川、云南、广西、广东等省区。伯乐树为中性偏阳落叶树种，幼年耐阴，深根性，抗风力较强，稍能耐寒，但不耐高温。花期在 4 月下旬开放，总状花序，长达 20～40 厘米，伯乐树的花呈淡红色。伯乐树的果实于 10 月成熟，种子为橙红色，花与果十分美丽。

◎伯乐树的简介

伯乐树属伯乐树科伯乐树属植物，伯乐树科仅一种，为单种科植物。伯乐树的花萼似钟状，故又名钟萼木，是我国特有的单型科植物。在拉丁语中，伯乐树属是用来纪念一位俄国医生、植物学家的。伯乐树生长在深山密林中，是深山密林中的一朵奇葩。作为第三纪古热带植物区系的孑遗

※ 柏乐树开花

种，伯乐树和它的家族已经经历了上千万年的风雨了。然而，再强的生命力，也抵挡不住环境的变迁和人类频繁的开发活动。原本分布广泛的伯乐树如今仅零星分布在长江以南各省区的深山老林里，因此，1999 年伯乐树被列为国家一级重点保护野生植物。幸运的是，科学家已经意识到问题的严重性，留意到它的危险处境，并力争遏制其濒危态势。所以，凡有伯乐树分布的自然保护区，应严加保护，并进行人工繁殖；为建保护区的产区亦应保护好母树，采种育苗。

目前，国内发现胸径最大的一株伯乐树在湖南新宁县紫云山国有林场，树高 30 米，胸径 126 厘米，树冠覆盖面积 168 平方米，树龄约 300 年，树形秀美多姿，生长良好，年年开花结果。

◎伯乐树的外形特征

由于人们不断地开伐土地，所以伯乐树变得越来越少了，因此伯乐树在 1999 年被国家林业局和农业部列为"国家一级重点保护珍稀植物"和"国家一级珍贵树种"。伯乐树为乔木，高 20～25 米，胸径 30～60 厘米，小枝粗壮，无毛，有大而椭圆形叶痕，疏生圆形皮孔。奇数羽状复叶，长达 70 厘米；有小叶 3～6 对，对生，长圆状卵形，不对称，长 9～20 厘米，宽 4.5～8 厘米，先端短渐尖，基部圆形，有时偏斜，表面深绿色，无毛，中脉凹下，侧脉不明显，背面粉白色，沿脉有锈色柔毛，中脉隆起，侧脉每边 8～10 条；叶柄长 10～18 厘米，无毛。总状花序长 20～30 厘米，总花轴密有锈色柔毛；花梗长 2～3 厘米，花粉红色；花萼钟状，长 1～1.6 厘米，不明显分裂，外面密有微柔毛；花瓣 5 瓣，长约 2 厘米，长椭圆状卵形，着生于花萼筒上部；雄蕊 5～9 瓣，花丝下部有微柔毛；子房 3 室，每室 2 胚珠。蒴果鲜红色，椭圆球形，长 3.5 厘米，3～5 瓣裂，果瓣木质，外面有微柔毛；种子近球形。花期 6～7 月，果期 10 月。该树结实大小年明显。鲜果出种率约为 20%，种子千粒重 515～755 克，场圃发芽率约 85%。

经科学家研究：伯乐树种子对脱水敏感，当失水率大于 50% 后，伯乐树的种子立即丧失萌发能力，但对低温（4℃～5℃）并不敏感，属于典型的中间性种子。低温下一定湿度的沙藏（含水率 8%～12%）优于其他贮藏方法，但并不能长期在低温下贮藏，最长的贮藏时间也仅为 1 年左右。说明伯乐树种子为短命型种子，每年需采集新的种子以补充种子库。

◎伯乐树的种植要点

在对伯乐树种植时一定要记住它的生活习性。伯乐树属于中性偏阳树种，它幼年耐阴，深根性，抗风能力比较强，稍能耐寒，但受不了高温。

伯乐树在种植时，首先要采种。伯乐树的种子外皮黄色多汁，里面是白色，薄而脆，而且外皮必须要去掉，否则容易发生霉变。同时，伯乐树的种子应采取随采随播，千万不能晒，也不能干藏，干藏后的种子极易丧失它的发芽力。如果暂时不能种的时候要采用湿润的河沙贮藏。伯乐树在10月下旬果实成熟，结实有大小年之分，结实的树龄一般在15年以上。采种的时候要采20～30年生的健壮母树。当它的果实由青绿色变成红褐色时就可以采种了。接下来就是育苗了，伯乐树在育苗的时候要采取排灌方便、沙质土壤的圃地，每亩施腐熟烂肥500千克，钙镁磷肥200千克，耕耙后筑畦。早春条播，条距25厘米，播种沟深3厘米，每亩播种量12.5～15千克。播种后覆焦泥灰厚约3厘米，再盖狼衣草。春播后约2个月发芽出土，20天后苗木基本出齐。出土后及时揭取苗床覆盖的草，并适时除草，追施肥。在苗木生长期间，要拔草施肥6～7次。一年生苗

※ 伯乐树的种子

平均高 18 厘米，根茎 0.6 厘米，林地条件好的地方，当年可出圃造林，一般需移植或留床一年再出圃造林。每亩产苗 2.5～3.0 万株。

▶ 知 识 窗

·植物的精气·

植物精气对大多数人来说也许是第一次听说。据科学测试，植物精气能使人神气，也就是说能使人精神饱满。那么植物精气究竟是什么？科学家的回答是："植物精气是植物器官及组织在自然状态下释放出的气态有机物。"

植物精气如何对人产生作用呢？据测试，植物组织在自然状态下所释放出来的气态有机物的化学成分多达 440 种，绝大多数植物挥发出来的气态有机物不仅能杀虫、杀菌，还有防病、治病、健身强体的功效。

精气是植物的油性细胞不断分泌出来的一种"气"，散发在空气中，通过呼吸道和人体皮肤表皮进入体内，最后为人体所吸收。精气的成分 70% 以上是萜类化合物——一群不饱和的碳氢化合物。罗蒙尔特研究后证实，萜类化合物被人体吸收后，有适度的刺激作用，可促进免疫蛋白增加，有效调节植物神经平衡，从而增强人体的抵抗力，达到抗菌、抗肿瘤、降血压、驱虫、抗炎性、利尿、祛痰、健身强体的生理功效。

拓展思考

1. 什么是伯乐树？
2. 伯乐树植物如何种植？

樟 树
Zhang Shu

樟树是樟科常绿大乔木，别名香樟、木樟、乌樟（四川）、芳樟、番樟、香蕊、樟木子、小叶樟。1999年8月4日，樟树被列为国家二级野生保护植物。它原产于中国南部各省，台湾、越南、日本等地均有分布。樟树亦是浙江省杭州市、宁波市、金华市，江苏省无锡市，江西省南昌市、上饶市、景德镇市，安徽省马鞍山市、安庆市，湖南省长沙市，湖北省鄂州市，四川省绵阳市、自贡市，贵州省贵阳市的市树。

※ 被子植物——樟树

◎樟树的简介

樟树属于樟科的常绿性乔木。樟树高达50米，树龄有成百上千年，可称为参天古木，为优秀的园林绿化林木。树皮幼时绿色、平滑，老时渐变为黄褐色或灰褐色纵裂。冬芽卵圆形。叶薄革质，卵形或椭圆状卵形，长5～10厘米，宽3.5～5.5厘米，顶端短尖或近尾尖，基部圆形，离基出脉，近叶基的第一对或第二对侧脉长而显著，背面微被白粉，脉腋有腺点。樟树的花呈黄绿色，花期在春天开，圆锥花序腋出，又小又多。球形的小果实成熟后为黑紫色，直径约0.5厘米，果期为10～11月。

樟树灰褐色的树皮有细致的深沟纵裂纹，全株具有樟脑般的清香，有驱虫的作用，而且永远不会消失。樟树的叶为互生，纸质或薄革质，树干有明显的纵向龟裂，极容易辨认。据说，因为樟树木材上有许多纹路，像是大有文章的意思。所以就在"章"字旁加一个木字作为树名。

樟树是常绿乔木，但它的常绿并不是它不落叶，而是第二年春天的时候，当新叶长成后，它的老叶才开始脱落，所以一年四季都呈现绿意盎然的景象。樟树的小花非常独特，外围不易分辨出花萼或花瓣的花有6片，中心部位有9枚雄蕊，每3枚排成1轮。

◎樟树的生活习性

　　樟树的生活习性同其他的被子植物大都相同，都是喜光，稍耐阴；喜温暖湿润气候，耐寒性不强。樟树对土壤要求不严，较耐水湿，但当移植时要注意保持土壤湿度，水涝容易导致烂根缺氧而死。它不耐干旱、瘠薄和盐碱土。樟树的主根发达，深根性，能抗风。萌芽力强，耐修剪。生长速度中等，树形巨大如伞，能遮阴避凉。存活期长，可以生长为成百上千年的参天古木，有很强的吸烟滞尘、涵养水源、固土防沙和美化环境的能力。此外还具有抗海潮风及耐烟尘和抗有毒气体能力，能吸收多种有毒气体，较能适应城市环境。

◎樟树的用途

　　樟树是亚热带地区（西南地区）重要的材用和特种经济树种，樟树的根、木材、枝、叶等均可提取樟脑、樟脑油。油的主要成分为樟脑、松油二环烃、樟脑烯、柠檬烃、丁香油酚等。樟脑供医药、塑料、炸药、防腐、杀虫等用，还可以作农药、选矿、肥皂、假漆及香精等原料；木材质优，抗虫害、耐水湿，供建筑、造船、家具、箱柜、板料、雕刻等使用；枝叶浓密，树形美观，可作绿化行道树及防风林。樟树的木材耐腐、防虫、致密、有香气，是家具、雕刻的良材，除了用来提炼樟脑，或栽培为行道树及园景树之外，夏天如果到户外活动时还可以摘取樟树的叶片，揉碎后涂抹在手脚表面上，这样有防蚊的功效。科学研究证明，樟树所散发出的松油二环烃、樟脑烯、柠檬烃、丁香油酚等化学物质，有净化有毒空气的能力，还有抗癌功效，可以过滤出清新干净的空气，沁人心脾。长期生活在有樟树的环境中会避免患上很多疑难病症。因此，樟树成为南方许多城市和地区园林绿化的首选良木，深受园林绿化行业的青睐。

　　樟树的枝叶茂密，冠大荫浓，树姿雄伟，可以吸烟滞尘、涵养水源、固土防沙和美化环境，是城市绿化的优良树种。樟树被广泛作为庭荫树、行道树、防护林及风景林等优良树种，也可以栽到池畔、水边、山坡等。樟树可以在草地中丛植、群植、孤植或作为背景树。

　　如果仔细观察会发现：樟树也会遭到病虫害的侵袭，在自然界就是这样的公平，总是一物克一物。

　　樟树的树语也有很美好的意义，它代表着顽强的生命，坐定莲花看云卷云舒、看花开花落的境界，又一说与爱情有关，其独特的香味使人感觉浪漫。

▶ 知 识 窗

　　800 岁的古樟树生长出了朴树。江西省安远县林业科人员在这个县进行森林资源调查时发现，一棵树龄不少于 800 年的樟树的枝上却生长出了朴树。这棵樟树生长在安远县版石镇岭东日日潮河岸边，树高 37 米，树冠长 22 米，树径最大处达 2.4 米，需三个成年人才可合抱，散发的樟脑香气令附近 100 余户农户家没有蚊虫叮咬的烦恼。据林业科研人员测算，这棵树树龄不少于 800 年。而一棵朴树就长在这棵樟树 2 米高的枝丫处，高 5 米，胸径 10 厘米，枝叶都郁葱葱，竞相舒展，呈现出勃勃生机。每年早春时，朴树便开花并结出橙色的球形果实。

|拓展思考|

1. 如何对樟树进行保护？
2. 在被子植物中，樟树的特点是什么？

青少年应该知道的植物百科知识

异形玉叶金花

Yi Xing Yu Ye Jin Hua

异形玉叶金花最初是在 1936 年被发现的，然而，到目前为止，没有再次发现过。异形玉叶金花属茜草科，濒危种，它主要生长在山谷湿润、阳光充足的地方，主要是攀援在中下层乔木树干之上，茂密的森林内或灌丛中都比较少见。生长地年平均温度为 17℃，1 月平均温度为 8.3℃，7 月平均温度为 24℃，年雨量为 1 800 毫米左右。异形玉叶金花对土壤的要求是黄壤。

※ 异形玉叶金花

◎异形玉叶金花的简介

异形玉叶金花为玉叶金花的一种，也是玉叶金花里最珍贵的一种。它是一种很美丽的植物。每朵玉叶金花的花萼有 5 枚萼片，其中一枚萼片变形为白色叶片状，似"玉叶"，又名"白纸扇"。异形玉叶金花的花很小，呈金黄色，故名"金花"，也被称为玉叶金花。异形玉叶金花是由著名的植物学家林奈命名的。其属名的拉丁语来自于锡兰的一种植物俗名，种附加词 anomala 是异常的、畸形的意思。异形玉叶金花为畸形是因为该属多数物种的萼檐裂片常是 1 枚扩大成花瓣状，而本种萼檐的 5 枚裂片全都扩大成白色花瓣状，结构非常奇特，所以才叫异形玉叶金花。

中国将玉叶金花属 2 种 1 变型的分类学，分别将胀管玉叶金花、异形玉叶金花和灵仙玉叶金花作为粗毛玉叶金花、大叶白纸扇和玉叶金花的新异名处理。在黔南调查中发现的国家一级保护植物异形玉叶金花全国仅存 59 株。

◎异形玉叶金花的特征及生活习性

异形玉叶金花属于攀援灌木，通常攀援在上下层乔木之间。异形玉叶金花的枝为灰褐色，初有贴伏疏柔毛，皮孔明显。其叶为对生，薄纸质，椭圆形至椭圆状卵形，长 13～17 厘米，宽 7.5～11.5 厘米，先端渐尖，基部楔形，两面散生短柔毛，侧脉 8～10 对；叶柄长 2～2.5 厘米，稍具短柔毛；托叶早落。顶生三歧聚伞花序长约 6 厘米，被贴伏短柔毛；苞片早落，小苞片披针形，长达 1 厘米，凋落；花梗长 2～3 毫米；萼筒长约 5 毫米，裂片 5，扩大成花瓣状，白色，长 2～4 厘米，宽 1.5～2.5 厘米，边缘和脉略具毛；花冠管长约 1.2 厘米，直径约 4 毫米，上部扩大，外面密被贴伏短柔毛，内面上部被硫黄色短柔毛或粉末状小点，花冠通常 5 裂，裂片长约 3 毫米；雄蕊 4 或 5，长 3 毫米；子房 2 室，花柱长约 6 毫米，柱头 2 个，长 4 毫米。异形玉叶金花的浆果长 6～10 毫米，直径 4～8 毫米。

异形玉叶金花需要充足的阳光，多生长在光照充足的次生林缘、路边及农地周围，在密下或较大的灌林丛中少见分布，偶有植株也是很纤弱，小枝常攀援在其他小乔木上借以获得阳光。喜水温，不耐干瘠。萌生性强，受砍伐后萌发的植株枝干花繁叶茂。花期为 7 月到 8 月，果实 10 月成熟。异形玉叶金花的种子自然更新能力较差，在分布区内很少见实生幼苗幼树，且果实多受虫害。

异形玉叶金花一般分布在山体下部土层深厚、湿润、排水良好地段，攀援在坡度为 20°～60°的中下层乔木树干之上，茂密的森林或灌丛中都比较少见。

青少年应该知道的植物百科知识

◎异形玉叶金花的保护价值

异形玉叶金花是玉叶金花属中最珍贵的一种。本属多数种类萼檐的裂片常是1枚扩大成花瓣状，而本种萼檐的5枚裂片全都扩大成白色花瓣状，形态特殊，对研究其分类位置及种内、种间亲缘关系等，有一定科学意义。经过多年的调查，在9个目的物种中，实际调查到的只有6种（仙湖苏铁、银杏、南方红豆杉、合柱金莲木、伯乐树和报春苣苔），而水松、异形玉叶金花和台湾苏铁的野生种群还没有发现。目前，正在对广东省国家一级重点保护植物资源状况进行分析。

▶ 知 识 窗

· 玉叶金花的繁殖和病虫害 ·

玉叶的繁殖可在生长季节用健壮充实的枝条进行扦插，插前去掉下部叶片，晾几天，切口干燥后，插于用腐叶土、粗砂或蛭石各2份、园土1份配制的培养土中，插后保持土壤稍有潮气。成活后放在阳光充足处或半阴处养护，保持盆土湿润而不积水，头2个月不要施肥，以促进根系的生长，以后每10天左右施一次腐熟的稀薄液肥，及时剪除基部萌发的幼枝，以集中养分，加快主干的生长速度。

浇水过多时，易引发根腐病，叶片也会发黄，甚至出现灰色霉斑而腐烂，应注意通风排水，必要时可喷洒多菌灵可湿性粉剂防治。此外，还有粉蚧危害叶片，形成白色的蜡粉，应及时消除病虫叶，防止蔓延。

拓展思考

1. 异形玉叶金花与玉叶金花的区别？
2. 异形玉叶金花特点？

菊 科

Ju Ke

◎菊科植物的简介

菊科是双子叶植物，为木兰植物门，木兰纲，菊亚纲，菊目最大的一科。菊科植物划分成了两种，一种是管状花亚科，头状花序盘状，全部小花两性，管状，或头状花序异型，边花雌性细丝状或细管状而中央两性花管状；或边花舌状雌性而中央两性花管状；另一种是舌状花亚科，头状花序辐射状，同型，全部小花两性，舌状，植物有乳汁，只有 1 族，即菊苣族。

菊花是由很多小花组成的，一头状花序。菊花的小花有两种，一种为单具有雌蕊能授精之舌状花；另一种为常具有雌雄蕊之管状花。菊花的这两种小花根据组成的比例、形状、大小及颜色，产生各种花型及花色，又可分为单瓣菊、托盘菊、蓬蓬菊、装饰菊、标准菊等多种。依菊花的花型大小可分大、中、小轮系，依花色主要为黄、白、粉红、橙红及赤红。

◎菊科的作用

菊科中菊糖完全代替了淀粉作为多聚糖贮存。菊科所含有的倍半萜内酯类具有强心、抗癌、驱虫、镇痛等作用。菊花科中有 350 余种倍半萜内酯。地胆草属某些种含苦地胆苦素和异苦地胆苦素。菊科中含有的这些成分均有抑制肿瘤生长的作用。由泽兰属的某些种提出的泽兰苦内酯、泽兰氯内酯等 8 种倍半萜内酯是抑制肿瘤生长的活性成分。艾属的许多种植物含山道年。菊科中有大量的种类可以药用、观赏属于经济植物。可以作为药用植物的菊科有佩兰、艾纳香、火绒草、天名精、豨莶、野菊、菊花、青蒿、款冬、千里光、白术、苍术、牛蒡、雪莲花、红花、水飞蓟、蒲公英等。在中国菊科植物中，大约有 300 种可为药用。向日葵、红花为油料植物。原产于热带美洲的甜叶菊，含极高糖分，为食品工业原料，引种栽培。洋姜块茎可加工成酱菜，茼蒿是中国各地的蔬菜。艾纳香，又名冰片草，叶含龙脑等，可提制冰片。除虫菊是重要的杀虫或驱虫植物。菊科中有许多著名的观赏植物，如菊花、木茼蒿、金盏花等。

◎菊科植物——金鸡菊

金鸡菊属多年生宿根草本，其叶片多对生，稀互生、全缘、浅裂或切裂。金鸡菊的花单生或疏圆锥花序，总苞两列，每列3枚，基部合生。舌状花1列，宽舌状，呈黄、棕或粉色。管状花黄色至褐色。金鸡菊主要有金鸡菊、大花金鸡菊和大金鸡菊3种。

※ 金鸡菊

◎菊科植物——大丽菊

大丽菊也被称为大丽花，属多年生草本花卉。大丽菊品种繁多，花型多变，色彩丰富，花期颇长。原产于墨西哥高原地区，盛开的大丽菊，优雅而又尊贵。我国栽培大丽菊始于19世纪末，先在上海栽培，以后在东北、华北等栽培较盛。至今，辽宁、吉林、河北、天津、北京、山东和甘肃等地栽培的独本大丽菊，更显华丽高贵，

※ 大丽菊

具有浓厚的传统色彩。同时，在大城市矮生盆栽中，大丽菊已步入规模化生产。

◎菊科植物——永生菊

永生菊也是菊科中最常见的一种。永生菊的主要生活习性是：永生菊为一年生草本，高25～35厘米，茎直立，头状花序单生枝顶，适做干花。永生菊的花色为混色，喜阳光充足、肥沃湿润及排水良好的土壤。

·菊科植物的主要特征·

　　该科植物多为草本或灌木，稀乔木。单叶，全缘或各种分裂，互生、对生或轮生，无托叶；花密集成头状花序（篮状花序），下面围以总苞，总苞由一层或多层分离或合生的苞片所组成，头状花序有时再聚集成复总状花序，花两性或单性，稀为雌雄异株，分为管状花及舌状花两型，雄蕊5，稀4，花丝分离，雌蕊由2心皮构成；子房下位，1室，1胚珠，基底着生，瘦果，种子1粒，无胚乳。

　　本科分两个亚科：（1）管状花亚科；（2）舌状花亚科。全科约1 000属，25 000种以上，我国约有200余属4 000多种。重要的药用植物有菊花、野菊花、白术、苍术、云木香、红花、紫菀、青蒿、茵陈、蒲公英等。由于本科植物种类很多，生态差异相当大，故在显微特征上变异亦较大，但下列几种结构是普遍存在的。一是毛茸，非腺毛和腺毛常存在，形态各异；二是分泌组织，以乳管、树脂道、分泌腔或分泌细胞的形式存在于各种不同属中。

　　菊科植物所含的化学成分多达30余类。其主要的有挥发油类、多烯炔类衍生物、黄酮类、萜类化合物、香豆精类、生物碱等等。其中每类中又根据各种物种的不同，分含其他多种成分。它们分别具有清热解毒、祛风止痛、健脾燥湿、活血、止血、润肺、止泻等功能。

| 拓展思考 |

　　1. 菊科的其他种类？

　　2. 菊科植物如何培养？

半日花

Ban Ri Hua

半日花的蒙古名为好日敦—哈日。半日花隶属于半日花科。半日花属矮小灌木，是古老的残遗种。半日花生于草原化荒漠区的石质或砾石质丘陵，在我国仅分布在内蒙古西鄂尔多斯桌子山山麓和新疆的准格尔地区。半日花被列为国家二级保护植物。

※ 半日花

◎半日花的简介

半日花是亚洲中部荒漠的特有植物，对研究亚洲中部，特别是中国荒漠植物区系的起源以及与地中海植物区系的联系有重要的科学价值。

半日花分布于新疆伊宁、巩留、特克斯，甘肃民乐及内蒙古的桌子山等地。多生于海拔 1 000—1 300 米的低山石质残丘坡地上。苏联、哈萨克斯坦的东部也有分布。半日花是半日花科的一种半灌木或灌木，稀为一年生或多年生草本孑遗植物。全世界约有 8 属 200 种，半日花大多分布于地中海沿岸。中国内蒙古、新疆有两种分布，分别是新疆半日花和内蒙半日花，所以加强对珍稀濒危植物半日花的研究和保护具有重要意义。

半日花为落叶小灌木，高 10～15 厘米。分布区气候冬冷夏热，干旱少雨。5～7 月开花，有时 8～9 月能二次开花。半日花为亚洲中部荒漠区的特有种，中国珍稀濒危植物，被列为国家重点保护植物。

◎半日花的形态特征

半日花高 10～15 厘米，多分枝，形成较紧密的灌丛；其老枝褐色

53

或淡褐色，无毛，小枝淡灰褐色，被短柔毛，先端常尖锐而呈刺状。单叶对生，革质，呈长圆状狼形至长圆状披针形，长5～12毫米，宽2～4毫米，边缘全缘，常向下反卷，两面被白色棉毛；半日花无柄或是短柄。半日花的托叶小，钻形。花为两性，单生枝顶，花为鲜黄色，直径约1.4厘米；花梗长6～10毫米；萼片5个，形态大小不一，外面2片线形，长约2毫米，内面3片卵形或宽放形，长5～7毫米，背面具3～5条纵肋；花瓣5，倒卵形；雄蕊多数，长为花瓣的一半；子房上位，密生柔毛，花柱线形。蒴果卵圆形，长约5毫米，被短柔毛；种子卵圆形，长约3毫米。

◎半日花的生长习性

半日花适合生长在大陆性气候地区，冬季寒冷、夏季炎热，最低气温可达−35℃，最高气温可达39℃；干旱少雨，年降水量约150毫米，蒸发量远远超过降水量；适合土壤为漠钙土，地表具大量碎石块，其覆盖率可达70％以上，有的地方有积沙覆盖。半日花为超旱生的小灌木，多在山麓石岳残丘形成半日花荒漠群落，在山前洪积平原少见。在典型的半日花荒漠中，亚优势种为刺旋花、主要伴生种为灌木青兰等。在一些有覆沙的地段上，可出现四合木、霸王等灌木。

知识窗

·耐寒植物——白仙玉·

浆植物，植物球形至圆筒状，多单生，高60厘米，直径10厘米，球体草绿色，密被白刺，具棱20～30条。刺座上初期黄棉毛，后脱落，刺30或更多，细长针状，白色后变灰，刺尖暗色，长3.5厘米，排列无规则，中间一根较长且色暗；花生于球顶部，漏斗形，具长筒，橙红色边被堇色，长6～8厘米，子房及花筒上具杂数鳞片，但无毛。

同属植物中用于栽培的还有：细仙玉，球体密被银白色细软刺，曲仙玉，植物密被浅黄褐色细刺，非常美丽；黄仙玉，球体深绿，细刺褐色，花深黄色。

拓展思考

1. 半日花是被子植物，一年能开几次花？
2. 半日花只能生长在沙漠里吗？为什么？

青少年应该知道的植物百科知识

裸

第四章

子 植

物

LUOZIZHIWU

　　在植物界里依据种子外面有无果皮包裹被划分为被子植物和裸子植物，而裸子植物是没有果皮包的，裸子植物的代表则是苏铁树。裸子植物是原始的种子植物，其发展历史悠久。最初的裸子植物出现在古生代，在中生代至新生代它们是遍布各大陆的主要植物。现代生存的裸子植物有不少种类出现于第三纪，后又经过冰川时期而保留下来，并繁衍至今。裸子植物是地球上最早用种子进行有性繁殖的，在此之前出现的藻类和蕨类则都是以孢子进行有性生殖的。裸子植物的优越性主要表现在用种子繁殖上。

什么是裸子植物

Shen Me Shi Luo Zi Zhi Wu

裸子植物属种子植物，它是种子植物里最低级的一类植物。裸子植物具有颈卵器，所以也属颈卵器植物，是能产生种子的种子植物。裸子植物的胚胎外面没有子房壁包被，不形成果皮，种子是裸露的，所以才被称为裸子植物。

裸子植物出现于三亿年前的古生代泥盆纪，最盛时期为中生时代。

※ 裸子植物——粗榧

到目前为止，裸子植物共有 12 科，71 属，约有 800 种。我国的裸子植物共有 11 科，41 属，240 种。

裸子植物很多被视为重要的林木，尤其在北半球，大的森林有 80% 以上都是裸子植物，如落叶松、冷杉、华山松、云杉等。多种木材质轻、强度大、不弯、富弹性，是很好的建筑、车船、造纸用材。

裸子植物可以分为苏铁纲、银杏纲、松杉纲、红豆杉纲、盖子植物纲（买麻藤纲）等 5 纲。

苏铁纲：苏铁纲植物始于二叠纪，盛于侏罗纪，现存有 1 目 3 科 41 属，约有 209 种。苏铁纲主要分布于热带、亚热带地区，我国仅铁树属约有 15 种。苏铁纲的代表植物有苏铁科，长绿乔木，茎干粗壮，常不分枝，营养叶羽状分枝，聚生于茎顶端。

银杏纲：地质历史时期植物化石的研究，提供了可靠而丰富的依据。化石材料记载，它的历史可远溯至石炭纪、晚石炭纪出现的二歧叶。之后，早二叠纪的毛状叶，晚二叠纪的拟银杏、拜拉，三叠纪的楔银杏等或许是银杏的远祖。银杏纲的胚株完全裸露，受精后在裸露中发育成种子（无保护精细胞具纤毛，它能够借着水而游动）。到目前为止，银杏木纲有 1 目 1 科 1 属 1 种，即银杏。

松杉纲：松杉纲也是裸子植物门的一纲。松杉纲为常绿或落叶乔木或灌木，茎多分枝，常有长短之分，具树脂道。松杉纲的叶单生或成束，针形、鳞形、钻形、条形或刺形，有中脉或无中脉，具短柄或无柄，螺旋状着生或交互对生或轮生。松杉纲的花成单性，雌雄异株或同株，球果的种呈鳞片形、扁平或盾形，木质、革质或近肉质，两侧对称。松杉纲成熟时张开，稀合生。松杉纲的种子有翅或无翅，种子核果状或坚果状，全部或部分包被于肉质假种皮中。松杉纲是现存裸子植物中种类最多、经济价值最大、分类最广的一个类群。松杉纲目前有 4 目、7 科、57 属，约 600 种，在我国有 4 目、7 科、36 属，209 种，44 变种（其中引入栽培 1 科、7 属、51 种、2 变种）。

红豆杉纲：红豆杉纲类的孢子叶球单性异株，稀同株。红豆杉纲的胚株生于盘状或漏斗状的珠托上或由囊状或杯状的套被所包围。红豆杉纲的种子具肉质的假种皮或外种皮。古植物学的研究，为我们提供了地质历史时期这类植物盛衰的情况和演化趋向的资料，但是由于化石材料的不完整和研究程度有限，现存的红豆杉纲各科、属和已灭绝的类型之间的演化线索，还未能完全搞清。一般将红豆杉纲分为 3 个科即罗汉松科、三尖杉科（粗榧科）和红豆杉科（紫杉科），它们在系统发育上有密切关系。三尖杉科植物的孢子叶球中没有营养鳞片，很可能是晚古生代的安奈杉，通过中生代早期的巴列杉、穗果杉的途径演化而来的。罗汉松科、紫杉科，则与科得狄植物有相似之处，尤其是大孢子叶球的结构以及变态的大孢子叶；穗状花序式的小孢子叶球序，保持着和科得狄类似的原始性状。说明这两个科的植物，可能是从科得狄直接演化出来的。

盖子植物纲（买麻藤纲）：盖子植物纲也称为买麻藤纲。盖子植物纲的球花单性，有类似于花被的盖被，所以也被称假花被。买麻藤纲植物在现代裸子植物中，是完全孤立的一群。买麻藤现存有 3 个属即麻黄属、买麻藤属和百岁兰属，这 3 个属缺乏密切关系，各自形成 3 个独立的科和目。它们在外形上和生活环境上相差也很大，地理分布上又较遥远。但从这 3 个属植物中，都可以或多或少地看到生殖器官由两性到单性，雌雄同株到异株的发展趋势，它们都是属于比较退化和特化的类型。盖子植物纲的本科只有一属，即麻黄属。约有 40 种，都是典型的旱生植物，均分布在全世界的沙漠、半荒漠、干草原地区。我国有 12 种，分布于华北、东北和西南各省。常见的植物有草麻黄和木贼麻黄。麻黄主产于西北部各省，具有重要的药用价值，可以从中提取麻黄素，入药有发汗、平喘、利尿的功效。

·中国裸子植物的多样性·

我国疆域幅员辽阔，气候和地貌类型复杂多样。从中生代至新生代第三纪一直都是温暖的气候，第四纪冰期时基本上仍保持了第三纪以来的比较稳定的气候。所以我国的裸子植物区系具有种类丰富，起源早，多古残遗和子遗成分，特有成分繁多和针叶林类型多样等特征。

在世界上，我国是裸子植物最多的国家。据统计，目前我国的裸子植物有10科，34属，约250种，分别为世界现存裸子植物科、属、种总数的66.6%、41.5%和29.4%。从这一系列的数据便可以看出我国的裸子植物有多么的丰富。在中国的裸子植物中，有许多是北半球其他地区早已灭绝的古残遗种或子遗种，并常为特有的单型属或少型属。如特有单种科——银杏科；特有单型属有水杉、水松、银杉和白豆杉；半特有单型属和少型属有台湾杉、杉木、侧柏和油杉，以及残遗种有苏铁、冷杉等。总体上来说，我国的裸子植物种类繁多且稀有。

虽然相比被子植物来说，我国的裸子植物并不多，仅是被子植物种数的0.8%，但它所形成的针叶林面积却略高于阔叶林面积，约占我国森林总面积的52%。在中国东北、华北及西北地区的针叶林中裸子植物物种较少，在西南地区针叶林中则有丰富的裸子植物物种。除原生的针叶林外，在华南、华中及华东的一些地区，常见的森林便是广阔的人工杉木林、马尾松林和柏木林。

拓展思考

1. 裸子植物的特点？
2. 裸子植物的多样性？

资源冷杉

Zi Yuan Leng Shan

资源冷杉是南方仅有冷杉属的一种，也是古老孑遗树种。资源冷杉为常绿乔木，树皮呈灰白色，片状开裂。资源冷杉仅分布于广西资源县银竹老山、湖南新宁县舜皇山和城步县二宝顶等狭小地带，常生长于海拔 1 500～1 850 米的针阔混交林中，资源冷杉现在正濒临绝种的危险。

※ 冷杉

◎资源冷杉的简介

资源冷杉被列为国家一级保护野生植物。它最早被发现是在炎陵桃源洞国家森林公园，旧称大院冷杉。资源冷杉分布于广西资源和湖南新宁、城步，散生于海拔 1 500～1 850 米处的针阔混交林内。资源冷杉现存多属老树，自我更新能力不良，很有可能被阔叶树种更替。资源冷杉分布区地处中亚热带山地，气候夏凉冬寒，雨量充沛，雪期及冰冻期较长，终年多云雾，日照少。土壤为酸性黄棕壤，PH 值为 4.5～5。资源冷杉的树冠高耸于阔叶林层之上，幼树耐阴，大树需要一定的光照，花期 4 月到 5 月，球果在 10 月成熟。结实期间也有间隔期。

曾经有人在遂川县靠近湘赣边界的戴家埔乡南风面山区的一片海拔 1 850 米的次原始森林中，发现了我国最大的"资源冷杉"部落，资源冷杉因在广西资源县发现而得名。资源冷杉在全国的分布区域很小。此次在一块面积约为 15 亩的森林里，一共发现了 12 株资源冷杉，有 3 株的胸径超过了 30 厘米，其中最大的一株胸径达 48 厘米，高约 10 米，树冠幅直径达 8 米。目前发现的资源冷杉生长区域，位于罗霄山脉的最东端，也是全省至今为止发现的最大群落。资源冷杉的物种对研究植物的演变，以及古地理、古生态和第四纪冰川气候的研究，都有着十分重要的价值。

◎资源冷杉的外形特征和生活习性

资源冷杉属于松科，常绿乔木，高2～25米，胸径为40～90厘米。资源冷杉的叶在小枝上，面向外向上伸展或不规则两列，下面的叶呈梳状，线形，长2～4.8厘米，宽3～3.5毫米，树脂道边生。球果椭圆状圆柱形，长10～11厘米，直径4.2～4.5厘米，成熟时暗绿褐色。种子呈倒三角状椭圆形，长约1厘米，淡褐色，种翅倒三角形，淡紫黑灰色。

◎资源冷杉的保护价值

资源冷杉现在被列为国家一级保护植物，但是目前，资源冷杉仍濒临着灭种的危险。资源冷杉对于古气候、古地理，特别是有关第四纪冰期气候的研究有一定的科研意义。资源冷杉可做南方山上部造林树种。

据记载，以前资源冷杉的树种曾超过1 000多种，分布范围南北长4.4千米，东西宽5.75千米，占总面积的一半，有长势喜人的人工林和14处天然林。资源冷杉分布在银竹老山的数目在百株以上，湖南舜黄山的数量较少，多数生长较旺，林内的天然更新良好，特别是在灌木较少的林地，幼苗和幼树尤为繁多。从资源冷杉的生态环境来看，冷湿的气候是资源冷杉保存下来的必然因素，然而分布在江西的仅有4株，并且都分布在1 600米处的沟谷的落叶阔林中，已经失去了天然更新的能力了。

◎资源冷杉的栽培

资源冷杉现已经濒临灭种，所以对其的栽培很重要。栽培时当资源冷杉的球果成黄褐色时，要及时采收种子，层积过冬。资源冷杉的种子发芽率仅为10%左右。在栽培的时候宜选择排水良好、土壤肥沃的缓坡或山谷作圃地，适合于早春播种。此外，栽种时应先将其种子浸入0.3%的过锰酸钾水溶液中消毒15分钟，然后用清水洗净，再放置于40℃的温水中浸种8小时，晾干后播种，还要做好防止鸟、鼠危害的保护措施，资源冷杉的种子在一个月后发芽。资源冷杉的幼苗出土后要适当遮荫，并注意防治立枯病。2～3年生苗，可出圃造林。

青少年应该知道的植物百科知识

▶知识窗

·植物也是一种生物·

　　植物，是百谷草木等的总称，是生物中的一大类，这类生物的细胞多具有细胞壁。一般有叶绿素，多以无机物为养料，没有神经，没有感觉。

　　植物世界里色彩缤纷，人类对植物的研究范围越来越广，对植物的世界充满了想象。在 2004 年统计时，植物的种类就高达 28 765 个物种，其中有 258 650 种是开花植物，还有 15 000 种的苔藓类植物。

|拓展思考|

1. 资源冷杉的保护价值？
2. 资源冷杉是哪一年被列为国家保护植物的？

巨 柏
Ju Bai

巨柏林有着"世界巨柏王"的称号。它位于雅鲁藏布江和尼洋河下游海拔 3 000～3 400 米的沿江河谷里,所以巨柏又称雅鲁藏布江柏木。一株株巨大的巨柏树像卫兵一样屹立在雅鲁藏布江两岸,呈线状分布着,将这条江打扮得像在苍茫群山中蜿蜒穿行的公路。这就是西藏朗县特有的柏树种——巨柏。

◎巨柏的简介

巨柏林生长在西藏自治区林芝地区林芝县八一镇东南方 10 多千米处的巴结乡。在那里生长着一片巨柏,那里也是巨柏的一个保护点。巴结乡有好多柏树,其中有一株十几个人都不能环抱的巨柏,这棵巨柏高 50 多米,直径接近 6 米,树冠投影面积达一亩有余。经过测算,这株巨柏的年龄已有 2 000～2 500 年之久,因此被当地人称为"神树"。传说,这株巨柏是苯教祖师辛饶米保的生命树,因此这片巨柏林也被当地的老乡封为圣地。走进巨柏林中,你可以看见那些巨大的树身上都缠挂着彩色风马,巨柏林的空地上还能看到一座座的玛尼堆。这是因为常有信徒远道前来朝拜。

巨柏属于柏科,是裸子植物中的松杉纲,也是松杉目中属数最多的 1 科。巨柏为常绿乔木或灌木。有树脂,其叶对生或轮生,常鳞片状而下延,稀线形;巨柏的球花小,单性同株或异株,顶生或腋生。雄球花有 3～8 对交互对生的雄蕊,每雄蕊有 2～6 花药且花粉无气囊;雌球花有 3～16 枚交叉对生或 3～4 枚轮生的珠鳞(大孢子叶)组成,每珠鳞有 1 至数枚胚珠,苞鳞与珠鳞合生。球果呈圆球形、卵圆形或长圆形,成熟时珠鳞发育为种鳞,木质或革质,成熟时开裂,有时呈浆果

※ 巨柏

状，不开裂，每种鳞内面基部有种子1至多颗。柏科约22属，南北半球各产一半。巨柏的种数仅次于松科，近150种，分布全球各地，部分种类为森林的主要树种或重要的造林树种，或为园林绿化树种。

◎巨柏的形态特征

巨柏的形态特征为常绿大乔本，高25～45米，胸径达1～3米；树皮条状纵裂；生鳞叶的枝排列紧密，常呈四棱形，常被蜡粉，末端的小枝粗1.5～2毫米，3～4年生枝淡紫褐色或灰紫褐色，叶鳞形，交叉对生，紧密排成四列，背有纵脊或微钝，近基部有1个圆形腺点；球果单生于侧枝顶端，翌年成熟，长圆状球形，常被白粉，长1.6～2厘米，直径1.3～1.6厘米；种鳞交互对生，总共有6对，呈多角形，中央有明显而凸起的尖头，能育种鳞具有多数种子；种子近扁平褐色，两侧具窄翅。

◎巨柏的生活习性

巨柏目前已经濒临绝种。1974年，在西藏东部发现的一种特有植物，即巨柏，其分布范围非常狭窄。现有的巨柏年龄多在百年以上，其中有些还是千年古树。巨柏在山坡上自然更新困难，但沿雅鲁藏布江可见其幼苗。在印度洋潮湿季风沿雅鲁藏布江河谷西进的路径，其强度已减弱，而西部高原干旱气流的影响却逐渐占优势。年平均气温8.4℃，极端最低温－15.3℃，年降水量不足500毫米，集中于6～9月，相对湿度65％以下。土壤为中性偏碱的沙质土。该树种适于干旱多风的高原河谷环境，常在沿江地段的河漫滩及干旱的阴坡组成稀疏的纯林。具有抗寒、抗强风的特性。球果9～10月成熟。

◎巨柏的栽培要点

巨柏每年都结果实，采种较为容易。栽培巨柏的时候可以用种子播种育苗，然后移植。栽培法参照本属其他植物。

1. 选地、整地与施肥：巨柏育苗地，要选择地势平坦，排水良好，较肥沃的沙壤土或轻壤土为宜，要具有灌溉条件。

2. 播种前种子催芽处理：巨柏种子空粒较多，先进行水选后，将浮上的空粒捞出。再用0.3％～0.5％硫酸铜溶液浸种1～2小时，或0.5％高锰酸钾溶液浸种2小时，进行种子消毒。然后，进行种子催芽处理。目前经常用于种子催芽的方法有三种。

3. 播种：古柏适于春播，但因其各地气候条件不同，所以播种时间也不相同。古柏生长缓慢，为延长苗木的生育期，应根据当地气候条件适期早播为宜，如华北地区 3 月中、下旬，西北地区 3 月下旬至 4 月上旬，而东北地区则以 4 月中、下旬为好。巨柏种子空粒较多，通常经过水选、催芽处理后再播种。

·最不可缺少的植物——蔬菜·

人体中的营养素，除了要从水果中获取之外，也离不开蔬菜对营养素的供给。蔬菜中含有大量的纤维素，对人体的新陈代谢起到很好的作用，能抑制肠癌的发病率。医学专家推荐，不同体质的人每天都要选择不同种类的蔬菜。

蔬菜是除了粮食之外的其他植物，一般多属于草本植物，它是人们日常饮食中不可缺少的食物之一。据营养学家介绍，人体所必需的 90% 的维生素都来自于蔬菜。除此之外，蔬菜中还含有多种多样的植物化学物质，比如：胡萝卜素、二丙烯化合物、甲基硫化合物等，都是对人体有益的营养成分。

在一些发达的国家，为了普及人们日常生活中能够摄入一定量的蔬菜营养，一些商家生产了一些浓缩的蔬菜晶。但是由于这种蔬菜晶的价格很高，并没有进入国内市场。

营养专家表明，人们必须保证每天吃 1 000 克蔬菜。但是有些人低估了蔬菜的营养价值，认为这是没有必要的。其实，人体的大部分营养都是从蔬菜中获得的。随着社会的发展，环境污染越来越严重，降低环境对人体的危害的最好办法就是每天吃一定量的新鲜蔬菜。这就是每天都要吃蔬菜的原因。

| 拓展思考 |

1. 巨柏属于柏科植物，列举其他的柏科植物？
2. 裸子植物共有多少科？

长白松

Chang Bai Song

因为长白松长得亭亭玉立，所以也被称为美人松。长白松生长于长白山二道白河。属常绿乔木，高25～30米，直径可达25～40厘米。长白松的树冠呈椭圆形或扁卵状三角形或伞形等。长白松的树干下部的树皮为棕褐色，深龟裂，其裂片呈不规则长方形，上部棕黄色至红黄色，薄片状剥离，微反曲。美人松因形若美女而得名，是长白山独有的美丽的自然景观。凡名山胜地，必有佳松相衬。"美人松"被誉为长白山"第一奇松"当之无愧：她秀美颀长，婀娜多姿，像一个个亭亭玉立、浓妆淡抹的长发美女正在招手欢迎远来的游客。

※ 长白松

◎长白松的简介

长白松是长白山独有的珍稀树种。其主干通直，材质优良，树形优美，姿态俊秀，非常惹人喜爱，因此被当地人称为"美人松"，长白松也是长白山的一大胜景。

到过长白山见过长白松的游客，不会忘记那亭亭玉立、窈窕淑女般的树姿，以致人们赞之为美人松。长白松只有长白山有，并且是在海拔700～1 600米林区中的狭长地区零星分布着，真是太少了，把它定为国家级渐濒危物种加以保护并不为过。

"美人松"属国家三类保护植物，是欧洲赤松的一种地理变种。其分布范围十分狭窄，除了长白山自然保护区内有一片外，其他的都分布在二道白河镇的一小片面积里，现有面积为 100 多公顷。目前，最高的美人松达 32 米，年龄最大的已有 400 多岁了。现在，已把长白松规划到自然保护区内，应加强管理，保护幼树，促进自然更新。

长白松对研究松属地理分布、种的变异与演化有一定的意义。它是该地区针叶树中较好的造林树种，不仅树态美观，还适合作城市绿化树。

◎长白松的习性

长白松适合生长于气候温凉、湿度大、积雪时间长的地区。长白松的适合温度为年平均温 4.4℃，1 月份平均气温为 −15℃～−18℃，7 月份平均温 20℃～22℃以上，极端最高温 37.5℃，极端最低温 −40℃左右；年降水量 600～1 340 毫米，相对湿度 70％以上，无霜期为 90～100 天。适合生长长白松的土壤为发育在火山灰土上的山地暗棕色森林土及山地棕色针叶森林土，那里的土二氧化硅粉末含量大，腐殖质含量少，保水性能低而透水性能强，PH 值为 4.7～6.2。长白松为阳性树种，根系深长，可耐一定干旱，在海拔较低的地带常组成小块纯林，在海拔 1 300 米以上常与红松、红皮云杉、长白鱼鳞云杉、臭冷杉、黄花落叶松等树种组成混交林。长白松的花期为 5 月下旬至 6 月上旬，球果翌年 8 月中旬成熟，结实间隔期 3～5 年。

长白松不仅树形美观，而且适应性较强，对土壤条件要求不苛刻。在长白山区，它主要生长在由火山灰发育形成的轻沙质土壤或山地暗棕色森林土上。这种土壤土层薄，结构性差，腐殖质植物卷含量低，透水性强，保水力弱，土壤溶液呈酸性反应。但长白松多数喜欢生长在阳光充足、排水良好的沙质地上。经过长期的自然历史作用，长白松也就成了长白山特有树种。因为它的适应性强，所以，现在吉林各地都有它的足迹。另外，在辽宁、黑龙江及北京等地也有引种和栽培。

◎长白松的繁殖

长白松的繁殖也是采用种子繁殖。长白松种子既可秋采春播，也可在低温干燥条件下长期保存。长白松的种子在播种之前要消毒、催芽，条播或散播，播种后 7 天出土，出苗后要预防立枯病。在高速生长期结束前，还要注意灌溉。2 年即可出圃造林。应避免营造纯林。

| 知 识 窗 |

·树木的作用——木雕·

　　植物在最早的时候除了用来食用，还被用来做一些木质的工艺品。我国的木雕艺术起源于新石器时代，早在距今七千年的浙江余姚河姆渡文化，就已经出现了木雕鱼。在秦汉时期，木雕艺术更加趋向成熟，在同一时期出现的施彩木雕就表明了我国的木雕工艺在那个时期就已经达到了相当高的水平。

　　我国的木雕艺术经历了很长一段时期的发展，河姆渡文化遗址出土木雕鱼是我国发现的木雕艺术品。当时的人们在制作木雕工艺的时候，没有金属工具，只是单纯地依靠动物的骨头或者是坚硬的石头来磨制的，可以想象当时的制作过程有多么的艰难。

　　在商周时期，木雕艺术就已经被纳入国家的管理范围，同时也有了很多种装饰的办法，如：施漆、镶嵌和雕花。战国时期，开始出现了许多种不同行业的木雕。建筑木雕、宗教造像、木桶是当时比较盛行的木雕行业。在北京的故宫博物院内保存的战国木雕女俑就是当时的代表作。汉代出土的木雕种类就更多了，这个时候的木雕是被人们用来做装饰品，以各种动物居多，但是也有各种木桶、船、耳环等器物。木质器材是比较容易腐烂的，汉代以前的木雕工艺品流传至今，实属不易。

　　在晋代以后，木雕已被用于各种不同的场合，那个时候就出现了木偶，隋代至五代时期，木雕的各种宗教佛像最是引人注目。唐、宋、元、明、清时期，木雕工艺品越来越多地被人们用作建筑装饰，特别是唐代，木雕艺术更是大放光彩，还有许多的艺术品在那个时期通过丝绸之路传到了海外，深受海外同胞的喜欢。在明清时期，木雕的题材更是多样化。比较多的作品为生活风俗、神话故事，诸如吉庆有余、五谷丰登、龙凤呈祥、平安如意、松鹤延年等木雕作品，在当时深受人们喜欢。这表明木雕艺术在这个时候已经发展到了顶峰，也象征着我国人民高超的技术。

| 拓展思考 |

　　1. 长白松的保护价值？

　　2. 长白松的繁殖特点？

西伯利亚云杉

Xi Bo Li Ya Yun Shan

西伯利亚云杉的另一个名字是新疆云杉。新疆云杉是松科云杉属的植物，分布于蒙古、俄罗斯以及中国新疆等地，并且生长在海拔1,200～1,800米的地区，多为阴坡、沟谷、溪旁及河流两岸，目前尚未由人工引种栽培。

◎西伯利亚云杉的简介

西伯利亚云杉，是新疆阿尔泰山特有物种，属常绿乔木。其树体高大，树形优美，适合于城市绿化。西伯利亚云杉是浅根性树种，要求疏松、肥沃、透气性良好的酸性土壤，喜湿润凉爽的气候，但对干旱的气候和微碱性土壤也有一定的抗性。西伯利亚云杉在城市绿化的过程中，最适合用于小区、庭院及公园绿地等地区的绿化。对于空气污染轻微的城市，也可用于部分街道（最好有其他大树遮阴）绿化。

西伯利亚云杉是山地针叶林的重要建群树种之一，可能是第三纪末期由于气候变冷而导致西伯利亚山地南泰加林南迁来的"移民"。西伯利亚

※ 西伯利亚云杉

云杉是阿尔泰山地区用材的主要树种。目前，森林采伐日益扩大，若不加强保护，西伯利亚云杉将会受到严重破坏。

全世界云杉属约40种，大部分都分布于北半球。其中，中国约有20种，分布于东北、华北、西北、西南以及台湾等地。根据叶形及气孔线情况可分为3组，即云杉组、丽江云杉组和鱼鳞云杉组。

一棵来自俄罗斯的西伯利亚云杉于2005年12月23日栽种在北京朝阳公园西门，这是俄罗斯伊尔库茨克州送给北京市的新年礼物。这棵俄罗斯云杉采自距伊尔库茨克市120千米的西伯利亚原始森林，高10米，由俄罗斯专机运到北京。树枝上挂满俄罗斯儿童亲手制作的各种精美饰物，在冬日暖阳中熠熠闪光，代表着俄罗斯儿童对北京儿童新年的良好祝福。根据中俄双方协定，2006年俄罗斯在中国举办俄罗斯年，2007年中国在俄罗斯举办中国年。

◎西伯利亚的生活习性

西伯利亚云杉耐寒性很强，耐阴，喜湿润、肥沃、排水良好的酸性灰色森林土。它在条件好的地方生长迅速，林下天然更新良好，反之则不良。幼龄稍耐阴，喜冷湿气候和湿润肥沃、排水良好的微酸性土。不耐干旱及水湿，在过分低湿之地或干瘠沙地亦生长不良。它是山地重要的水源涵养树种。

中国新疆北部阿尔泰山地气候寒冷，年平均气温只有2℃～4℃，最低温常达－40℃，无霜期只有90天左右。西伯利亚云杉在年降水量800毫米左右的阿尔泰山西北部中山河谷地带，生长迅速，常为纯林，多呈带状分布，林下天然更新良好。在年降水量300～400毫米的东南部，西伯利亚云杉逐渐减少，在湿润的河滩生长尚好，在干瘠的半阴坡生长不良，寿命较短，花期5月，球果成熟期9～10月。

◎西伯利亚云杉的价值及保护措施

西伯利亚云杉是古老的残遗植物，对研究第三纪末或第四纪初北方植物区系成分南迁以及古地理、古气候有一定的价值。西伯利亚云杉的木材纹理直、结构细致、韧性强，可供建筑、土木工程、细木工、木纤维工业原料等用。树皮可提取栲胶。西伯利亚云杉生长较快，材质较好，是阿勒泰地区主要用材树种和山地重要的水源涵养树种。为新疆地区优良用材树种之一。在阿尔泰山区湿润的阴坡、沟谷、溪旁及河流两岸可选为主要造林树种。

西伯利亚云杉非常的重要，现在已经在阿尔泰山西北部略纳斯建立了自然保护区，但必须加强经营管理，要减少对它的砍伐，扩大它的范围，严禁毁林开荒和在幼林地放牧，要确保林地的更新。

▶ 知识窗

· 云杉树种 ·

云杉是常绿乔木，在我国分布很广，有20种，5个变种，另有引进栽培2种。云杉是我国寒带寒温带高山林区主要更新造林树种，性较耐阴，树高达50米，胸径1.5米，花期5月下旬，球果9～10月成熟。产自黑龙江省小兴安岭南部和大兴安岭北坡呼玛河流域等地。适应于土层深厚、湿润而排水良好的环境，耐寒力强，侧根平展，抗风力弱，易风倒。为温带山地酸性树种，含二氧化硅高，寿命长达300余年，材质好、有弹性，木材纹理通直，结构细致均匀，弯挠性和声学性好，刨光面略有光泽，容易加工。不仅是良好的建筑、桥梁、枕木、航空、造船、胶合板和家具用材，还是乐器制造和高级造纸原料。云杉松针可提取芳香油，树皮含单宁，可提取栲胶。云杉树姿美观、生长快、抗污染能力强，现在是营造用材林和四旁绿化的优良树种。

拓展思考

1. 西伯利亚云杉的保护价值？
2. 西伯利亚云杉的栽培要点？

树

木 的 王 国

第五章

SHUMUDEWANGGUO

　　植物的世界是一个丰富多彩的神奇世界。在植物世界中有高达百米的参天大树；有千年的古树；有奇丽的群花。有的生长在海底；有的生长在冰峰雪地。这形形色色的植物，给青少年朋友们展示了一个迷人的植物世界。当我们走进流水潺潺的大森林，当我们散步于鸟语花香的公园，当我们行驶在树荫笼罩的公路，当我们漫步于苍松翠柏环绕的校园，大家一定会感叹空气的清新，环境的优美，这些就是树美化我们生活的实例。树木不仅净化空气，还有可以作为观赏的植物，有一些珍稀植物以树形优美、高洁典雅而闻名于世的，树的栽培在我国已有三千多年历史。

夫妻树
Fu Qi Shu

人类数十亿善良群体至情至圣的最高人生境界就是：夫妻恩爱，情深似海，生生死死，永不分离。然而，在植物界里的芸芸树类也存在着像人类一样恩爱的夫妻，它们风风雨雨，至死不渝；百年千年，永不分离。它们就是非常有名的"夫妻树"。芸芸树鸳鸯，蜜蜜连理枝，甜甜夫妻树，因此夫妻树的特征就是根相连，古时候的人们也称它们为"连理枝"或是"生死树"。

※ 夫妻树

单是"夫妻树"这个名字，就有着一种美好的寓意。据说，砍伐夫妻树作屋梁是畲族民间的建筑风俗，这个风俗流行于浙江南部山区。而且在建屋之前，人们采伐屋梁木材须寻同根树，砍后由夫妻两人一起抬回，这样可以表示夫妻恩爱，也能保佑夫妻之间永不分离。夫妻树有好多种，分布在不同的地区。

◎云南省的"夫妻树"

我国云南素有"植物王国"的美称，那里树的种类不仅多，而且还生长着一些奇奇怪怪的植物。云南省的江城县境内有一种世界独一无二的人形"夫妻树"。据说，那棵"夫妻树"刚开始的时候还是分开长着的小树苗，一年之后这两棵小树苗便紧紧地靠在了一起，并且生长成了"人"字形，长成了一棵完整的树，因此就被当地人称为"夫妻树"了。

◎陕西省的"夫妻树"

陕西省佛坪县境内也生长着一株"夫妻树"。奇特的是，两棵树居然一直是一枯一荣，随年份更换而枯荣交替、往复循环，这种怪异的现象引起了当地人们的极大兴趣。

"夫妻树"也被称为"生死树",位于佛坪县岳坝乡政府西北方向。在一个临潭悬崖上,长着两棵不知其名的大树。人们看到,两棵树根须裸露,虬蟠纠结,树根缠绕在一起,密不可分。这两棵树总是一棵树枯萎,一棵树青绿。据当地群众介绍,有一个奇特的现象——两棵树一枯一荣,枯树叶子发黄,即便是春夏季节,树叶也像秋天黄叶一般,未到秋天,叶子早已飘零了,仅有秃枝光桠;而另一棵树,则枝叶浓密,叶青枝翠,碧绿似玉,充满勃勃生机。第二年春天,枯树却发叶抽枝,撑一团碧绿;头年鲜活的那棵树,却叶黄枝枯。在当地"山民"中流传着一个凄美哀婉的故事,说是一对相爱的年轻夫妇受迫害殉情后化作两棵树木。有人试图用生物学观点解释两棵树荣枯交替的现象:由于崖缝土薄石坚,养分不足,两棵树难以同时存活,所以一棵树在一年时间里,进入休眠状态,将养料全部让给另一棵树,使之健康生长;来年,生长过的树,又将养料全部让给枯树,使之茁壮生长,年年如此,岁岁循环着。植物界这一奇特的现象究竟是什么原因,有待于有关专家考察研究,破解谜底,还这对"夫妻树"一个"清白"。

◎重庆的夫妻树

据说在重庆市里长着一棵茄苳树和一棵榕树,它们有两个特别浪漫的名字,即"罗苳公"和"榕树婆"。据那里的市民说,这两棵树近百年都是紧紧地抱在一起,所以都说这两棵树相恋了百年。终于有一天,当地人给它们举行了婚礼,榕树长的白白的被人们称为榕树婆,而茄苳树长的黑黑的被称为罗苳公。

※ 可可托海最浪漫的树

◎新疆的夫妻树

可可托海最浪漫的树则是夫妻树了。这对夫妻树并肩而生,春夏季节都是一样的碧色欲滴。秋天,一棵变黄,一棵依旧青翠,相映成趣。"在天愿作比翼鸟,在地愿为连理枝"。当地的不少年轻人结婚时也要到"夫妻树"前,拍照留影纪念,并且希望"夫妻树"保佑他们的爱情和和美美。

▶ 知 识 窗

·四川省的夫妻树·

　　在四川南部林业之乡叙永县的合乐苗族乡，发现两株叫不出树名但被当地人俗称"夫妻树"的奇特古树。"夫妻树"长在山巅，"妻树"长在山脚，两树相距500余米，但其间有一条天然红色石埂相连，像一根割不断的绸丝，两树树径在170厘米左右，根据林业部门考证，至少有500年树龄。"夫树"伟岸挺拔，形状如伞，四季常绿。"妻树"则非常奇特，具有预测庄稼收成的神奇本领，又被当地人称为"庄稼树"，此树一年换一次树叶，并能开花结果。除树主干外，东南西北各发一粗大树枝。当年，哪方的树枝开花结果，哪方的庄稼必定丰收，反之则必定欠收。

拓展思考

1. 搜集其他地方的"夫妻树"。
2. 夫妻树的特点？

青少年应该知道的植物百科知识

龙血树

Long Xue Shu

龙血树也叫做朱蕉，是假叶树科龙血树属的多年生常绿灌木或乔木。龙血树的株形极为健美，它的叶片肥厚，形如宝剑，斑斓的色彩，在阳光或灯光的照射下，金光熠熠，灿然夺目，是目前全国各地最受人们喜爱的室内观叶植物。龙血树喜温暖而怕严寒，喜光照而怕烈日暴晒，所以龙血树最适宜在温暖而又不酷热的环境中生长。春夏秋三季，是龙血树生长的旺盛季节，这段时间，莳养者必须充分满足它对水分、养分和温度的需要，使之健壮生长。

◎龙血树的简介

龙血树是假叶树科龙血树属植物。龙血树原产于大西洋的加那利群岛。其叶长似剑，密生于枝顶。在龙血树花期时，其枝顶会长出硕大的花序，并且每个花序上开放数百朵

※（龙血树）

绿白色的花朵，十分美丽。龙血树的浆果成熟时为橙红色，与绿叶相映，非常招人喜爱。有的龙血树品种，叶片密生黄色斑点，被人们喜爱地称为星点木；也有的龙血树品种其叶片上有黄色的纵向条纹，能分泌出一种淡淡的香味，人们称它为香龙血树；有的品种叶片上嵌有白色、乳白色、米黄色的条纹，人们又称之为三色龙血树。龙血树的名字是因为龙血树的茎干能分泌出鲜红色的树脂，像"龙血"一样，所以便称为"龙血树"了。

龙血树是常绿小灌木，高可达4米，龙血树的皮呈灰色。叶无柄，密生于茎顶部，厚纸质，宽条形或倒披针形，长10～35厘米，宽1～5.5厘米，基部扩大抱茎，近基部较狭，中脉背面下部明显，呈肋状，顶生大型圆锥花序长达60厘米，其花序为1～3朵簇生。花白色、芳香。龙血树的浆果呈球形、黄色。同属多种和变种，用于园林观赏。龙血树材质疏松，

树身中空，枝干上都是窟窿，不能做栋梁，只可以观赏；烧火时只冒烟不起火，又不能当柴火，真是一无用处，所以也叫"不才树"。因为龙血树株形优美规整，叶形叶色多姿多彩，为现代室内装饰的优良观叶植物，中、小盆的龙血树可点缀书房、客厅和卧室，大中型植株可美化、布置厅堂。龙血树对光线的适应性较强，在阴暗的室内可连续观赏2～4周，明亮的室内可长期摆放。

◎龙血树的繁殖与栽培

世界上共有龙血树150种，中国只有5种，分布于我国的云南、海南、台湾等地。自龙血树引入我国之后，除少数热带地区培育出种子之外，其他地区主要采用压条和扦插的方法对龙血树进行无性繁殖。

龙血树的压条繁殖：在对龙血树进行压条繁殖的时候要先在龙血树的植株茎干的适当部位，进行环状切割，环口约宽为1.8～2.2厘米，深至木质部，并用小刀剥去环口皮层，用干净湿布擦去切口外溢的液汁，用500～1000ppm的萘乙酸水溶液涂抹切口上端皮层，再用白色塑料薄膜扎于切口下端，理顺将其做成漏斗状，装上用苔藓和山泥土混合配制的生根茎质，环包刀口，灌一次透水，扎紧江膜上端，再把植株置于室外莳养，最后加强肥水管理。龙血树压条后，要随时检查基质是否干燥，随时对其补充水分。一般经过30～40天的培育，环切部位便有新根出现，9～10月便可切离母体另行栽培成为一棵独立生长的植株。

龙血树的扦插繁殖：龙血树在扦插以前，可挑选观赏价值较高的母株，而且是选取其生长两年以上的健壮枝条，每段长约10～20厘米，有叶无叶都可以进行扦插。插穗基部削成平口，上部横切后保留叶片，上下切口可用清水浸泡洗净外溢的液汁，置于阴凉通风处稍晾一段时间，再用500～1000ppm的萘乙酸浸泡插穗基部2～3厘米处，一般5秒钟即可，随浸随插。龙血树扦插，苗床可用小号的土陶花盆，基质可用蛭石、珍珠岩或者经过高温消毒的素砂土，上盆后进行扦插。每盆一株，插好后浇一次透水，把苗床置于花搭光处，精心养护。以后的管理工作主要就是对其保持湿润。龙血树伤口愈合快、生根早、发芽迅速，一般15～20天，切口在创伤激素的作用下，便产生愈伤组织。25～35天，插穗在内源激素的作用下，很快就能出现根的原始体。35～40天就能萌发新根。两个月以后，便可用培养土翻盆移栽。

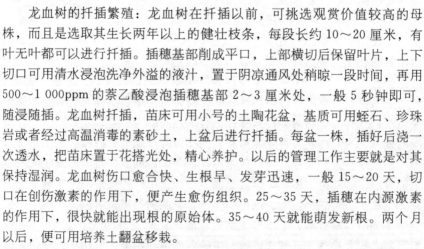

青少年应该知道的植物百科知识

▶ 知识窗 ⋯⋯⋯⋯⋯⋯⋯⋯⋯⋯⋯⋯⋯⋯⋯⋯⋯⋯⋯⋯⋯⋯⋯⋯⋯⋯⋯⋯⋯⋯⋯

·香龙血树·

　　香龙血树树干粗壮，叶片剑形，碧绿油光，生机盎然。被誉为"观叶植物的新星"，成为世界上十分流行的室内观叶植物。

　　香龙血树为常绿灌木或乔木。株高约6米，茎灰褐色，幼枝有环状叶痕。叶多聚生于茎顶端，长椭圆状披针形，长30～90厘米，绿色，或有不同颜色的条纹。顶生圆锥花序；花小，乳黄色，芳香。树干直立，无分支，叶簇生于枝顶，叶片宽大，苍翠欲滴，株型整齐优美。栽培变种有斑香龙血树、金边香龙血树和三色缘龙血树等。

　　香龙血树自17世纪40年代从热带非洲传入欧洲，主要栽培在英国、法国植物园的温室内，供参观者欣赏。以后进入美洲和亚洲的植物园和公园内。到20世纪70年代，盆栽的香龙血树在欧美已十分盛行，成为室内重要的装饰植物之一。目前，荷兰香龙血树的年产值已达到3 760万美元，列荷兰盆栽植物产值的第二位。意大利、西班牙等国也有一定规模的生产。在日本，香龙血树年产值为3 800万美元，生产450万盆，占日本盆栽植物产值的第五位。现在，地处热带的印度也有不小的产量。美国在5.21亿美元的观叶植物的产值中，香龙血树占据重要的位置。至今，美国的赫梅特国际公司和艾格艾贸易公司是美洲香龙血树的主产公司，在国际上非常有名。另外，荷兰的克·萨欣·扎登公司、门·范文公司和以色列的亚格苗圃在香龙血树的生产中也占据重要位置，均已产业化生产，产品畅销全世界。

拓展思考

　　1. 活得最长寿命的树？
　　2. 龙血树的生长环境？

万兽树

Wan Shou Shu

万兽树是远古圣地的守护神。它的树干庞大而坚固，看上去好似各种动物互相交错盘绕在树干上，并且每一个动物形象的眼睛都由一种宝石装饰而成，灵光闪闪，栩栩如生。传说远古时代，七位最伟大的护林人曾在远古神殿中聚会。他们雇用了百名工匠，雕磨了千对宝石，并将其一一镶嵌在了大树的动物眼睛上。当地的普通人说，万兽树巨大无比，高不可攀。时光荏苒，岁月变迁，神殿倒塌，人群迁徙，谁也没注意到此树越长越像某种动物。直到有一天，各部落的酋长带领族群来祭拜圣树，祈求猎物充足，万物和睦。可是过了几年，不知从哪里传出"谣言"——凡是得到万兽树之宝石的人，就

※ 万兽树

会成为"万兽之王"。之后越来越多的人对这些宝物开始居心叵测，"贪婪"像瘟疫一样吞噬了人类的信仰，万兽树在威胁中越陷越深……

不知过了多久，此树被一部落的酋长发现，便带领族群来盗其宝石，在过程中突然遭到雷击，死伤无数。此事流传开来，人们开始对这棵树像神一样敬着。而且，据说以后凡是到这棵树下祈祷许愿的人，只要不提过分贪婪的要求，基本上都能得到满足，十分灵验。

> ▶ 知识窗

· 胡杨——沙漠中的抗旱斗士 ·

胡杨是亚非荒漠地区典型的替水旱中生植物，长期适应极端干旱的大陆性气候；对温度大幅度变化的适应能力很强，喜光，喜土壤湿润，耐大气干旱，耐高温，也较耐寒；适生于10℃以上积温2 000℃～4 500℃之间的暖温带荒漠气候，在积温4 000℃以上的暖温带荒漠河流沿岸、河漫滩细沙沙质土上生长最为良好。能够忍耐极端最高温45℃和极端最低温－40℃的袭击。胡杨耐盐碱能力较强，在

1米以内土壤总盐量在1%以下时，生长良好；总盐量在2%～3%时，生长受到抑制；当总盐量超过3%时，便成片死亡。花期5月，果期6～7月。

胡杨是最古老的杨树，在6 000多万年前就在地球上生存了。它树高15～30米，能从根部萌生幼苗。胡杨在我国西北生长较快，它可以阻挡流沙、绿化环境、保护农田，是我国西北地区重要的造林树种，主要分布在新疆南部、柴达木盆地西部以及河西走廊等地。

胡杨生长在最恶劣、最残酷的气候环境之中，是一种极为神奇的群体，它们耐寒、耐热、耐碱、耐涝、耐干旱，用不屈不挠的身躯阻挡了沙暴对绿洲的侵袭，组成一条雄伟壮阔的绿色长廊，创造了"丝绸之路"的文明。

胡杨属于渐危种。胡杨系古地中海成员，早在第三纪就已在古地中海沿岸地区陆续出现，成为山地河谷小叶林的重要成员。在第四纪早、中期，胡杨逐渐演变成荒漠河岸林最主要的建群种。在我国塔里木河沿岸，胡杨林生长良好，发育完善，形成荒漠地区所特有的绿色走廊式的自然景观。目前，由于天然和人为原因使河流改道，特别是大面积毁林开荒和人工截流，致使胡杨分布面积急骤减少。

| 拓展思考 |

1. 万兽树真的存在吗？
2. 万兽树上有多少种动物？

望天树

Wang Tian Shu

上世纪 70 年代的时候，在我国著名的云南西双版纳热带密林中发现了一种擎天巨树，它姿态秀美，高耸挺拔的树干，使人无法仰望见它的树顶，甚至灵敏的测高器在这里也无济于事。因此，人们把这种树称为了望天树。当地傣族人民也称它为"伞树"。望天树是生长在中国云南的特产珍稀树种，只分布在西双版纳的补蚌和广纳里新寨至景飘一带的 20 平方千米范围内。望天树的所在地，大部分为原始沟

※ 望天树

谷雨林及山地雨林。它们多成片生长，组成独立的群落，形成奇特的自然景观。生态学家们把它们视为热带雨林的标志树种，也被列为中国的一级保护植物。

◎望天树的简介

望天树也叫擎天树，属于龙脑香科，柳安属。柳安属家族，共有 11 名成员，大多都分布于东南亚一带，只有望天树生长在我国云南，是我国特产的珍稀树种。望天树高大通直，叶互生，有羽状脉，黄色花朵排成圆锥花序，散发出阵阵幽香。其果实坚硬。望天树一般生长在 700～1 000 米的沟谷雨林及山地雨林中，形成独立的群落类型，展示着奇特的自然景观。因此，学术界把它视为热带雨林的标志树种。

望天树之所以名贵并不只是因为它长的高，更是因为它是龙脑香科植物，这是热带雨林中的重要标志之一。在过去，外国的科学家曾称中国是没有龙科植物的，也没有热带雨林，然而，望天树的出现改变了他们的看法，由此也证明了中国真的存在真正意义上的热带雨林。

望天树材质优良，生长迅速，生产力很高，一棵望天树的主干材面积

可达 10.5 立方米，单株年平均生长量 0.085 立方米，是同林中其他树种的 2～3 倍，因此是很值得推广的优良树种。同时，它的木材中含有丰富的树胶，花中含有香料油。另外，还有许多其他未知成分，尚待我们进一步分析、研究和利用。

望天树虽然也被称为擎天树，但是它与擎天树并不是一种。擎天树是望天树的"孪生兄弟"，是望天树的变种，它是在 70 年代于广西发现的。擎天树的外形与望天树极其相似，也是异常高大，常达 60～65 米，光枝下高就有 30 多米。其材质坚硬、耐腐性强，而且刨切面光洁，纹理美观，具有极高的经济价值和科学研究价值。擎天树仅仅发现生长在广西的弄岗自然保护区，因此同样受到严格的保护。

◎望天树的外形特征

望天树的树皮呈褐色或深褐色，上部纵裂，下部呈块状或不规则剥落；1～2 年生枝密被鳞片状毛和细毛。望天树的芽为裸芽，有一对托叶包藏。其叶互生，革质，呈椭圆形、卵状椭圆形或披针状椭圆形，长 2～6 厘米，宽 3～8 厘米，先端急尖或渐尖，基部圆形或宽楔形，侧脉 14～19 对，近平行，下面脉序突起，被鳞片状毛和细毛。花序腋生和顶生，穗状、总状或圆锥状，被柔毛；顶生花序长 5～12 厘米，分枝；腋生花序长 1.9～5.2 厘米，分枝或不分枝；花萼 5 裂，内外均被毛；花瓣 5，黄白色，具 10～14 条细纵纹；雄蕊 12～15，两轮排列；子房 3 室，每室有胚珠 2，柱头微 3 裂。坚果卵状椭圆形，长 2.2～2.8 厘米，直径 1.1～1.5 厘米，密被白色绢毛，先端急尖或渐尖，3 裂；宿萼裂片增大而成三长两短的果翅，倒披针形或椭圆状披针形，长翅长 6～9 厘米，短翅长 3.5～5 厘米，具 5～7 条平行纵脉和细密的横脉与网脉。望天树是一种高大的被子植物。

※ 擎天树

望天树一般高可达 60 米左右。人们曾对一棵望天树进行测量和分析，发现望天树生长相当快，一棵 70 岁的望天树，竟高达 50 多米。个别的甚至高达 80 米，胸径一般在 130 厘米左右，最大可到 300 厘米。这些世上所罕见的望天树，棵棵都耸立于沟谷雨林的上层，一般都要比第二层乔木高出 20 多米，具有直通九霄、刺破青天的气势！

·常绿树木——松树·

松树是一年四季常绿的植物，大部分都是高大乔木。它通常高 20～50 米，最高可以达到 75 米。极少数为灌木状，比如偃松和地盘松。较幼时的树冠为金字塔形，树枝多呈轮状着生。幼苗出土、子叶展开以后，首先着生的为初生叶，单生，螺旋状排列，线状披针形，叶缘具齿。初生叶行使叶的功能 1～3 年后，才出现针叶，通常 2、3、5 枚成束，着生于短枝的顶端。松树的每束针叶根部都有叶鞘，但早期会脱落或宿存。松树的叶肉组织中的树脂道的位置在植株成年时非常恒定，通常分为外生、中生、内生三种类型。

绝大部分松树，特别是二针松是喜光树种，耐阴性极弱。它的外形表现是树冠稀疏，自然整枝高；生理上表现为补偿点低；在成林特性上多为先锋树种。当原始林遭到破坏或火灾后，它们很易发展起来而占据裸露空间。如中国南部地区常绿阔叶林破坏后，很易由马尾松或云南松代替。但这些松林并不稳定，当它们形成适当的森林环境后，一些比较耐阴的基本成林树种出现的，主要是山杨和桦树等阔叶树，而后才出现红松，并且由于红松具有耐阴和长寿两大特点，最后又恢复了它的优势地位。此外，除了红松和山杨、桦树的互相更替之外，还有蒙古栎（柞树）和红松出现互相更替的现象。

拓展思考

1. 擎天树和望天树是同一种植物吗？它们有什么区别？
2. 搜集望天树的药用价值？

新郎树

Xin Lang Shu

◎新郎树简介

据说在德国东部靠近波罗的海的多道尔森林里，有一棵500多岁的老橡树，这棵树专为人们传递求爱信，并且已经成就了无数姻缘，所以人们叫它"新郎月老"或者"新郎树"。100多年来，德国改朝换代，经历了世界大战，邮政编码也几经变更，但是老橡树的树洞里依然装满了人们对幸福的渴望。

2009年，这棵老橡树与一棵远在另一个城市的百年栗子树举行了两地"婚礼"，因为它们都见证了百年风雨的时代。

◎有关新郎树的传说

传说一：相传在600多年以前，一位王子在与敌人遭遇时遇险，被一位美丽的姑娘救起，王子与姑娘一见倾心，最后结成良缘。王子为报答姑娘的救命之恩，在森林中种下了这棵树。后来人们羡慕王子的奇遇，纷纷到此观赏，并希望也能巧识意中人。

传说二：19世纪末，森林护林员的女儿爱上了巧克力作坊主的儿子，可是，女孩儿的父亲坚决不同意两人的来往。为了爱情，两个年轻人把给彼此的信件偷偷藏在这棵老橡树的树洞里，经常书信往来，互诉相思。也许是他们之间不渝的恋情感动了老橡树，所以最终他们有情人终成眷属，1891年6月，这对新人在这棵橡树下举行了婚礼。

关于新郎树的传说传的越来越广泛，所以人们都会偷偷地往这个树里面放信。见此之后，德国政府还专门为这棵老橡树建立了一个邮编，而且还专门派了个邮递员送信。

因为这棵树被称为"新郎树"，所以写信求爱的大都是女性，只有很少一部分为男性。为了方便往树洞里投信或取信，取信的人可以阅览所有树洞里的信，有适合自己的就带走。很多青年男女通过阅读来信，最后都寻找到了自己的意中人。

老橡树的故事还被写进了歌德学院的教材，之后，老橡树开始收到世界各地的来信。

·加拿大的象征——枫树·

枫叶为掌状5浅裂，长13厘米，宽略大于长，3枚最大的裂片具少数突出的齿，基部为心形，上面为中绿至暗绿色，下面脉腋上有毛，秋季变为黄色至橙色或红色。树皮灰褐色，光滑，随树龄增长而出现沟纹和鳞片。花黄绿色，小，无花瓣，下有垂于细长柄上，春季随幼叶开放，呈开放型花序。果实具平行的翅，长2.5厘米。高度30米，宽柱形，落叶。平常我们食用的白糖、红糖和冰糖等主要是用甘蔗、甜菜熬制。用树分泌的汁液来熬制糖，在我国还是新鲜事。在北美温带地区的林木中，有一类能分泌糖液的糖槭树，俗称枫树，其中以加拿大最为著名。糖槭树有几个品种，如糖槭、银糖槭和红糖槭，以前两种产糖著名。枫树的木材用于建筑材料或器材材料、乐器材料、雕塑材料等，也可以以观赏的目的种植。还可以为了采伐而种，用于烧火。

北半球的枫类植物有140种之多，日本的枫树，大致说来有伊吕波枫、大枫、板屋枫、羽扇枫以及来自中国的唐枫。还有一些高大的落叶乔木，像白桦和银杏，其金黄的叶子也是秋季景色中不可缺少的一员。除了落叶乔木，还有一些蔷薇科、锦葵科、杜鹃科等落叶灌木，到了秋天叶子会转红。

拓展思考

1. 什么是橡树？
2. 橡树的生活习性？

梧桐树

Wu Tong Shu

我们最常见的树木就是梧桐树了，它经常出现在大路的两边，但是估计人们只知道这样的树叫梧桐树而已，其他有关梧桐树的信息几乎为零吧。

梧桐树，也叫做青桐、桐麻。梧桐树是落叶乔木，原产于中国。树高可达 16 米，叶为掌状，3～7 裂，夏季开花，花很小呈黄绿色，果实成熟时分裂。因为它很大，叶子也很茂密，所以成为夏天乘凉的好地方。

※ 梧桐树

◎梧桐树的简介

梧柚树很高，树皮为表绿色，光滑。梧桐树的叶子是心形的，圆锥花序顶生，长约 20～50 厘米，下部分枝长达 12 厘米，花为淡黄绿色；有 5 片萼深裂直至基部，萼片为条形，稍微向外卷曲，长 7～9 毫米，外面被淡黄色短柔毛，内面仅在基部被柔毛；梧桐树的花梗与花几等长；雄花的雌雄蕊柄与萼等长，下半部较粗，无毛，花药有 15 个不规则地聚集在雌雄蕊柄的顶端，退化子房梨形且甚小；雌花的子房圆球形，被毛。蓇葖果膜质，有柄，成熟前开裂成叶状，长 6～11 厘米、宽 1.5～2.5 厘米，外面被短茸毛或无毛，每个蓇葖果有种子 2～4 个；梧桐树的种子呈圆球形，表面有皱纹，其直径大约是 7 毫米。它的花期通常在 6 月。

梧桐树有着极快的生长速度，木质疏松，怕冻。因为其是肉质根，怕水淹；病害方面，怕病毒病；虫害方面，怕大袋蛾；根系粗、浅，怕大风。梧桐树喜光，喜温暖气候，不耐寒。适生于肥沃、湿润的砂质壤土，喜碱。根肉质，不耐水渍，深根性，植根粗壮；萌芽力弱，一般不宜修剪。梧桐树生长尚快，寿命也比较长，能活百年以上。但是如果在生长季节受涝 3～5 天就会烂根致死。梧桐树通常发叶很晚，但秋天落叶早。它对很多有毒气体都有很强的抗性。

◎梧桐树的栽培技术

梧桐树的栽植很普遍，在现实中，梧桐树通常用播种法繁殖，另外扦插、分根都可以对其进行栽培。秋季果熟采收时，晒干脱粒后要在当年秋天播种，也可沙藏至来年春播。条播行距 25 厘米，覆土厚约 1.5 厘米。每亩播量约 15 千克。沙藏种子发芽较整齐，种子在播后 4～5 周开始发芽。干藏种子常发芽不齐，可在播前先用温水浸种进行催芽。梧桐树在正常管理下，其苗高可达 50 厘米以上，来年分栽培养。三年生苗即可出圃。栽植地点宜选地势高燥处，穴内施入基肥，定干后，用蜡封好锯口。注意梧桐木虱、霜天蛾、刺蛾等虫害，可以用石油乳剂、敌敌畏、乐果、甲胺磷等防治。在寒冷的北方，冬天要对不成熟的幼树包扎稻草绳防冻。通常，要在初冬和早春各施一次肥。

◎梧桐树的经济价值

要论梧桐树的经济价值，可以说是属栽培于庭园当观赏树木的价值最大了。梧桐树的木材轻软，为制木匣和乐器的良材。梧桐树的种子炒熟可食用或榨油，油为不干性油。梧桐树的茎、叶、花、果和种子均可药用，治腹泻、疝气、须发早白，有清热解毒的功效。梧桐树的树皮纤维洁白，可以用做造纸和编绳等。木材刨片可浸出黏液，称作刨花，用于润发。

知识窗

·梧桐树的作用·

梧桐生长很快，它的木材适合制造乐器，树皮可用于造纸和绳索，种子可以食用或榨油。由于其树干光滑，叶大优美，是一种著名的观赏树种，中国古代就有凤凰"非梧桐不栖"的传说。另外，还有很多古琴都是用梧桐木制造的。由上述可知，梧桐对于中国文化的作用有多么重要。梧桐树还可以当作园艺景观。因为从外表来看，梧桐树树干挺拔高大，枝叶茂盛，树冠卵圆形，树干端直，树皮青绿平滑，侧枝粗壮，翠绿色。梧桐树生长迅速，较易成活，耐修剪，因此在现代都市被广泛栽植作行道边的绿化树种，有时也为速生材用树种。

拓展思考

1. 梧桐树的管理与养护？
2. 关于梧桐树的文化有哪些？

花

仙子的胜地

第六章

HUAXIANZIDESHENGDI

　　在植物界里面，花可谓是占有了很重要的地位。它不仅可以美化这个地球，还在精神的方面带来了美好的意义。花卉是大自然的精华。花卉以它绚丽的风姿，把大自然装扮的分外美丽，给人以美的享受。现在的人们都喜欢用一种花来代表一个好的或坏的意义，这个意义可能是根据花的特性、外观、实用价值，但很多时候都是依这个民族对这个植物的特殊感情，因此同样的植物在不同的民族里可能会有不同的看法和代表意义。

中国——梅花

Zhong Guo　　Mei Hua

梅花原产于中国，又名春梅、红梅。梅花象征着铁骨铮铮，不屈不挠，幸福吉祥。疏放冷艳的梅花，在儒家正统观念涂抹下，成为高洁守道的凛然君子。梅花不畏严寒，刚毅雄杰，是惊顽起懦的勇猛斗士。

※ 中国之花——梅花

◎梅花在中国的历史

梅花的故乡是中国，它是十种名花之首。梅花有许多种类，如紫梅、红梅、白梅、江梅和重叶梅等。

梅花在我国栽培和应用的历史长达7 000多年，其文化渊源最长，影响力也最大。最重要的是，梅花是愈冷愈开花，它可以忍受恶劣气候与生存环境，显示出自己顽强的生命力。从文化角度分析，梅花备受历代人民的喜爱和赞颂，是中国人民心中最美的花。中国人很早就有爱梅、赏梅、吟梅、用梅、艺梅的习惯。"万花敢向雪中出，一树独先天下春""凌寒独自开""梅花香自苦寒来"这些脍炙人口的诗词正是寓意了梅花的崇高品质。

梅树的寿命很长，可以活千年以上。在中国的古梅中，除了杭州的"唐梅"和"宋梅"之外，最早的古梅当推湖北黄梅县"江心古寺"遗址处的"晋梅"。晋梅已经存活了1 700多岁。它的树干已成灰黑色，每年大寒开花，花开满树，整个花期都在冬春两季。还有浙江天台山"国清古寺"的一株"隋梅"，距今也有1 300年的历史，相传是佛教天台宗的创始人智凯大师手植。这株老梅曾经好几次都要枯萎，但是它的生命力极强，最终又枯木逢春了。现在的隋梅主干苍老，四周嫩枝丛生，几年前还结了数千个梅子。梅花在中国文化中也象征着一种独特的伟大人格。

梅花文化在中国源远流长，早已融于人们的日常生活之中，人们把对梅花的喜爱都表现在诗歌、绘画、音乐、戏剧、成语和姓氏人名中，因此也形成了丰富多彩的梅花文化。1929年，国民政府曾将梅花定为国花。

◎梅花的特点及象征意义

梅花的特点：其外形特征是落叶小乔木，树冠开张。新梢光滑，通常呈绿色或红褐色。梅花的叶互生，卵形，先端长渐尖，先是长出叶子然后再开花，花生于一年生枝的叶腋、单生，也有2朵簇生，白、红、粉红等色变化较多，芳香，单瓣至重瓣，萼片明显，花后常不反折，雄蕊多数，花丝较长，雌蕊一个或数个，核果近球形，有纵沟，熟时变黄，有香味。梅花株约高10米，主干呈褐紫色，多纵驳纹，小枝呈绿色。梅花的叶片呈广卵形至卵形，边缘具细锯齿。花每节1～2朵，无梗或具短梗，原种呈淡粉红或白色，栽培品种则有紫、红、彩斑至淡黄等花色，于早春先叶而开。

梅花是中国传统的名花。梅花不仅有着清雅俊逸的风度使古今诗人、画家为它赞美，更以它的冰肌玉骨、凌寒留香来比喻民族的精华和世人的敬重。梅花以它的高洁、坚强、谦虚的品格，给人以立志奋发的激励。在严寒中，梅开为百花之先，独天下而春，因此梅花也常被喻为民间传春报喜的吉祥象征。有关梅花的传说和故事、美好寓意在我国流传深远，应用极广。

青少年应该知道的植物百科知识

◎梅花的栽培

人工栽培梅花常用嫁接法，砧木多采用的是梅、桃、杏等。梅花是露地栽培，应该栽培在阳光或半阳坡地带，株间的距离要相差 3～5 米。

梅花的盆栽技术：梅花对土壤没有多大的要求，一般的中性土壤就可以了，但是盆栽梅花却因盆土有限，要选用疏松肥沃的营养土。梅花对水分很敏感，盆土不能长期过湿，这样会使梅花的根部烂掉，因此要控制对梅花的浇水。梅花的修剪整形是一个技术活儿。修剪要从幼苗开始，当幼苗长到 20～25 厘米时，截去顶端，待萌芽后留 3～5 枝条作为主枝，当主枝长到 10～15 厘米时进行摘心，以促进枝条粗壮和花芽形成。花后的修剪也要精心，当花凋谢之后从基部留 2～3 个芽短截，当新枝长到 5～6 片叶时又进行摘心，只留 3～4 片叶，促进生长更多花枝。以后每年反复修剪，使枝条充实，花蕾增多。梅花病虫害防治方法是一定要保持通气透光。梅花病害主要来自炭疽病和斑枯病，一般发病在 4 月下旬或 5 月上旬，采用 50％的多菌灵或 70％的托布津溶解 800～1 000 倍交换喷施进行防治。

▶ 知 识 窗

·花——被子植物的生殖器官·

花是被子植物（被子植物门植物，又称有花植物或开花植物）的繁殖器官，其生物学功能的是结合雄性精细胞与雌性卵细胞以产生种子。这一进程始于传粉，然后是受精，从而形成种子并加以传播。对于高等植物而言，种子便是其下一代，而且是各物种自然分布的主要手段。同一植物上着生的花的组合称为花序。

绝大多数人认为被子植物是真正的花，但是也有些学者认为裸子植物的孢子叶球也属于"花"，只是一般只有被子植物才被称为是有花植物。

花是种子植物的繁殖器官，是节间不发育的变态枝。一朵完全的花是由花梗、花托、花萼、花冠、雄蕊、雌蕊等几部分组成的。

┃拓展思考┃

1. 梅花的花期是什么时候？
2. 梅花的种类？

埃及——睡莲

Ai Ji——Shui Lian

睡莲不仅是埃及的国花，还有着"水中女神"的美称。睡莲和荷花同属于睡莲科，都是水生植物，睡莲是水生花卉中的名贵之花。睡莲被埃及定为国花，原因是睡莲有着朝开暮合的习性和放射状展放的花朵，因而成为古埃及太阳崇拜的象征物，因为埃及每代的法老王都自称是日出之神荷露斯之子。古埃及人称睡莲为"尼罗河的新娘"，经常把它作为壁画上的主题。据说，凡是受到这种花祝福而生的人，天生都会具有一股异性难以抗拒的魅力，但是他却很难与同性朋友和平相处。因此谈恋爱的时候，就会与常人有着不同之处。但也有来自第三者的阻力，也就是情敌，因此那里的人对这方面非常的谨慎。

※ 埃及之花——睡莲

◎睡莲的简介

睡莲是睡莲科、睡莲属多年生水生草本，也被称为子午莲、水浮莲、水芹花等。睡莲生长在水中，其花叶都浮于水面，叶圆盾形，叶面绿色，叶背紫色，花有白、红、粉、黄、蓝、紫等色及其中间色。睡莲的花期为6～8月，每朵花可连续开放4～7天，凋谢后才逐渐蜷缩沉入水中结果。睡莲的花叶俱美，花色也非常丰富，花期也比较长，所以向来深为人们所喜爱。睡莲不能离水，如果离水超过1小时以上就有可能丧失吸水性，因而失去开放能力。

在古希腊、古罗马，睡莲与中国的荷花一样，被视为圣洁、美丽的化身，常被用作供奉女神的祭品。在新约圣经中，也有"圣洁之物，出淤泥而不染"之说。睡莲大部分原产自北非和东南亚热带地区，少数产于南非、欧洲和亚洲的温带和寒带地区。目前，国内各省区均有栽培。睡莲根状茎可食用或酿酒，也可入药，可以治小儿的慢惊风。

睡莲也属于被子植物并且是最早的被子植物之一。在生物上的文献显示，睡莲已有1亿5千万年以上的历史，古埃及、古印度文化中都可看到睡莲在人们生活中扮演的角色。

睡莲大多近午时开放，傍晚闭合，所以曾有诗人这样写道："不要误会，我们并不是喜欢睡觉，只是不高兴暮气，晚上把花闭了，一过了子夜，我们又开放得很早，提前欢迎着太阳上升，朝气来到"。

◎睡莲的栽培和管理

睡莲虽然是一种水生植物，但是它不仅可以池栽，还可以盆栽。池栽应在早春将池水放净，施入基肥后再添入新塘泥，然后灌水。灌水应分多次灌足。随新叶生长逐渐加水，开花季节可保持水深在70～80厘米。冬季则应多灌水，水深应保持在110厘米以上，可使根茎安全越冬。睡莲盆栽选用的盆至少有40厘米×60厘米的内径和深度，应在每年的春分前后结合分株翻盆换泥，并在盆底部加入腐熟的豆饼渣或骨粉、蹄片等富含磷、钾元素的肥料作基肥，根茎下部应垫至少30厘米厚的肥沃河泥，覆土以没过顶芽为止，然后置于池中或缸中，保持水深在40～50厘米。高温季节的水层要保持清洁，时间过长要进行换水以防生长水生藻类而影响观赏。花后要及时去残，并酌情对其进行追肥。盆栽于室内养护的要在冬季移入冷室内或深水底部越冬。生长期要给予充足的光照，勿长期置于荫处。

青少年应该知道的植物百科知识

◎睡莲的种类

睡莲有温、热带的区分，同属植物约 50 种。

睡莲在温带种类有：

1. 白睡莲，叶革质，近圆形，基部深裂至叶柄着生处，全缘，幼叶红色。花白色，浮于水面，芳香，朝开暮闭，花期夏季。

2. 杂种睡莲，绝大多数耐寒杂种睡莲品种，是在 19 世纪末 20 世纪初由法国人培育，其双亲可能是白睡莲和粉红香睡莲。

3. 黄睡莲，其根茎直立，叶圆，背面具紫褐色斑点。黄睡莲的花为鲜黄色，中午开放。产于墨西哥。

4. 香睡莲，根茎连续，分枝少。叶圆形或长圆形，亮绿色。萼褐色，花白色，芳香，晨开午闭。产于北美。

睡莲在热带的种类有：

1. 蓝冠睡莲，叶背红色或粉红。花星状，直径约为 10～12 厘米，淡紫色，芳香，出水高 13～25 厘米，原产于南非。

2. 埃及睡莲，其根肥厚。叶深绿，边缘微皱。花淡紫色，外瓣平展；

※ 白睡莲

内瓣半直立，径15～20厘米，夜晚开放。

3. 明星睡莲。明星睡莲健壮，根多。其叶淡绿色。花星状，浓香，外瓣蓝色，内瓣金黄。径10～15厘米，萼片光绿色具黑斑。有深蓝色、玫瑰紫色及白色栽培品种，产于印度及东南亚。

▶ 知识窗

·说出你的爱——郁金香·

郁金香是荷兰的国花，是一类属于百合科郁金香属的具球茎草本植物。郁金香与风车并称为荷兰的象征。它是荷兰主要的出口观赏作物，是荷兰的经济命脉之一。加拿大首都渥太华又被称为"郁金香城"。郁金香属多年生鳞茎草本植物。它株形挺拔、花朵大而艳丽，观赏价值较高。1634～1637年间，被称为荷兰历史上的"郁金香狂热"时期。在这段时期里，荷兰的人们认为，家有郁金香的人才是真正的富翁，因此很多富翁都以高价或以房子等有价值的东西来换取郁金香，它成为了炙手可热的一种物品。

郁金香的花语为爱的告白，代表了热烈的爱意。

郁金香在世界的各个角落均有种植，不过在荷兰最为盛行。其原产地在地中海南北沿岸及中亚细亚和伊朗、土耳其、东至中国的东北地区等地，但确切起源已难以考证，现在有很多人认为它起源于锡兰及地中海偏西南的方向。其花华丽而秀美，深得世界广大人民的喜爱。

青少年应该知道的植物百科知识

| 拓展思考 |

1. 睡莲与莲花的区别？
2. 睡莲的生活习性？

老挝——鸡蛋花

Lao Wo——Ji Dan Hua

※ 老挝之花——鸡蛋花

鸡蛋花，多么有趣的名字，它是老挝的国花。传说，老挝人常把自己祖先居住的地方称为"黄金大地"。这块土地富含黄金，人们赌博、斗鸡都是用金条来做赌注，所以称为黄金大地。古印度人也曾认为这块土地富藏金子。这个观点其实也有一定的可信度，因为老挝古都琅勃拉邦的旧名取为香通，就是"金城"的意思。在老挝，鸡蛋花被定为国花，备受尊崇。

◎鸡蛋花的简介

鸡蛋花也叫缅栀子、蛋黄花、印度素馨、大季花等。鸡蛋花的树形很美，奇形怪状，全株茎干含有乳汁。鸡蛋花的叶似枇杷，冬季落去后，枝头上便留下半圆形的叶痕，颇像缀有美丽斑点的鹿角，可谓热带地区园林绿化、庭院布置、盆栽观赏的首选小乔木佳品。鸡蛋花的树皮薄而呈灰绿色，富含有毒的白色液汁，可用来外敷，医治疥疮、红肿等症。木材白色，质轻而软，可制乐器、餐具或家具。

鸡蛋花属于强阳性花卉，日照越充足，其生长就越繁茂，并且花多而香，所以夏季不用为鸡蛋花遮阴。冬季在居室内养护，如果在5℃以下就会受到冻害，低于8℃或通风不良时易掉叶，并进入一段长时间的休眠期。翌年春季是鸡蛋花发芽长叶的时候，由于它是多肉植物，所以水分不宜多，以不干不浇、见干即浇、浇必浇透、不可积水为原则。由于鸡蛋花喜欢石灰质土，所以对鸡蛋花施肥时要注意对其补钙，可以加骨粉，或施用含有鸡蛋壳、鱼刺、碎骨等腐熟的富含钙的有机肥。

◎鸡蛋花的外形特征

鸡蛋花为落叶灌木或小乔木，高约5～8米。鸡蛋花的小枝肥厚多肉，叶子很大，厚纸质，多聚生于枝顶，叶脉在近叶缘处连成一边脉。鸡蛋花的花期为5～10月。

※ 鸡蛋花二

鸡蛋花的花朵聚生长于枝顶，花冠呈筒状，外面花色为乳白色，中心为鲜黄色，恍如鸡蛋，这也正是它名字的由来。鸡蛋花特别的香，花朵呈螺旋状散开，特别漂亮。

◎鸡蛋花的繁殖与栽培管理

鸡蛋花的繁殖方法：鸡蛋花的繁殖也是采用扦插法。其繁殖期在南方是1～2月最为适宜，北方是6～8月适宜，从分枝的基部剪取枝条长20～30厘米，剪口处有白色乳汁流出，需放在阴凉通风处2～3天，使伤口结一层保护膜再扦插，如果带乳汁进行扦插会很容易腐烂。插入干净的蛭石、沙床或浅沙盆，换后喷水，置于室内或室外荫棚下，隔天喷水一次，使基质保持湿润即可。插后15～20天移至半阴处，使之见弱光，保持18℃～25℃的温度和65％～75％的湿度，约3周左右即可生根，1～2个月后即可盆栽。

鸡蛋花的栽培管理：鸡蛋花喜温暖、湿润、阳光充足的生长环境，耐干旱，所以在夏天的时候，它不需要遮阴。鸡蛋花对土壤要求不严，宜种植在含腐殖质较多的疏松土壤中，盆栽宜在春季清明后进行，栽种时可裸露根上盆，种好后设置于室内，一周后见弱光，再经半月可放在阳光充足处。鸡蛋花的盆土可按园土4份、马粪干4份和河沙2份混合调制，每盆还要加放100克饼肥或酱渣，50克过磷酸钙或骨粉。鸡蛋花的盆株宜放置在室外通风的光照处，盛夏能受烈日暴晒。鸡蛋花虽然不需要遮阴但是要浇水防干，不过也不能过湿，否则根基会腐烂，尤其在雨季要防止盆内积水，以防烂根。入夏起进入生长期，每天晚上浇水1～2次，夏秋遇雨应及时倒出盆中积水。每月应追施肥1～2次，花前应施以磷为主的薄肥

1～2次。如肥不足，则开花少或不开花。秋后落叶，北方盆栽宜在10月中下旬移入室内防冻保暖，室温在5℃以上则可安全越冬。注意通风见光。低温和室内通风不良，会使植株落叶，每隔两周浇一次水。鸡蛋花生长迅速，需每年春天换盆一次，一般换入口径30厘米的花盆中。盆土中混入骨粉、过磷酸钙等含磷丰富的肥料作基肥，以保证植株多开花。换盆植后浇透水，谷雨前后移置室外向阳处。

▶ 知 识 窗

·鸡蛋花的作用·

在我国西双版纳以及东南亚一些国家，鸡蛋花被佛教寺院定为"五树六花"之一而广泛栽植，故又名"庙树"或"塔树"。鸡蛋花是热情的西双版纳傣族人招待宾客的最好的特色菜。在热带旅游胜地夏威夷，人们喜欢将采下来的鸡蛋花串成花环作为佩戴的装饰品，因此鸡蛋花又是夏威夷的节日象征。

鸡蛋花夏季开花，清香优雅；落叶后，光秃的树干弯曲自然，其状甚美。适合于庭院、草地中栽植，也可盆栽。花香，可提香料或晒干后供制饮料和药用，有祛湿之功效。木材白色，质轻而软，可制乐器、餐具或家具。

拓展思考

1. 鸡蛋花的繁殖与养护？
2. 鸡蛋花的药用价值？

意大利——雏菊

Yi Da Li——Chu Ju

雏菊原产于欧洲，又名延命菊。雏菊的叶为匙形丛生，呈莲座状，密集矮生，颜色碧翠。雏菊是从叶间抽出花葶，一葶一花，错落排列，外观古朴，花朵娇小玲珑，色彩和谐。雏菊是早春开花，生气盎然，具有君子的风度和天真烂漫的风采，深得意大利人的喜爱，因而被意大利推举为国花。

※ 意大利之花——雏菊

◎雏菊的简介

无论是在欧洲还是在中国，雏菊到处都可以见到。雏菊在中国的命名是因为它和菊花长得很像，都是线条花瓣。它与菊花的区别在于菊花的花瓣纤长而且卷曲油亮，而雏菊的花瓣则短小而笔直，就像是未成形的菊花，所以人们称它为雏菊。

雏菊是菊科中的草本植物。多年生草本，常作二年生栽培，雏菊株高15～30厘米。基生叶丛生呈莲座状，叶匙形或倒卵形，边缘有圆状钝锯齿，叶柄上有翼。雏菊的花序从叶丛中抽生，头状花序辐射状顶生，舌状花为单性花，雌花，有平瓣与管瓣两种，盘心花为两性花，花有黄、白、红等色，花期为3～5月。雏菊耐寒，宜冷凉气候，它在炎热条件下就会开花不良，易枯死。

◎雏菊的药用价值

雏菊也叫干菊、白菊，其药用价值非常高，排在四大名菊之首。雏菊的种植历史很悠久，它还有挥发油、氨基酸和多种微量元素，其中的黄铜含量，比其他的菊花高32％～61％，锡的含量更是高的夸张，比其他的菊花高八到五十倍呢。农学家张履祥在其著作《补农书》中曾写道："白菊性甘温，久服最有益，古人春食苗、夏食英、冬食根，有以也。每地棱头种一二株，取其花，可以减茶之半，茶性苦寒与苦菊同泡。"

雏菊具有散风清热、平肝明目的功效。常用于风热感冒，头痛眩晕，目赤肿痛，眼目昏花等症状。雏菊还具有收敛和止血的效果，常用于传统医学中。常服其煎剂，对心脏有明显扩冠和增加冠脉流量的作用，能降低血清甾醇和三酸甘油酯，并能降压预防心绞痛。经常代茶泡饮，能增强毛细血管的抵抗力、抑制毛细血管的通性，起到了抗炎、强身的作用。

雏菊内含有丰富的香精油、菊色素，也可以运用于美容护肤之中，它能有效抑制皮肤黑色素的产生，柔化表皮细胞，达到很好的美白效果。

◎雏菊的栽培

雏菊适合在8月中旬到9月初于露地苗床时播种繁殖，播种之后，最好用苇帘遮荫，不能用薄膜覆盖。雏菊生长期喜阳光充足，不耐阴。雏菊秋播促壮后，如果没有分苗移植，可在10月底将苗起出，分开，根丛稍带一点宿土，然后抓一把事先准备好的含腐殖质多而稍黏的湿润肥沃土壤，把一两株苗放在壤土中心攥紧成坨，依次囤入阳畦，喷雾保湿，以促须根旺发，株小苗壮，等到第二年春天就直接定植花坛或上市出售，不易萎蔫。

雏菊的栽培可分为四个阶段。

第一阶段：

雏菊播种后其温度要保持在18℃～22℃，并且其湿度要保持在80％～90％。5～8天胚根长出。发芽后仍要保持介质的湿润，不需喷肥，需要给予光照，但发芽时光照不能太强，仍要适当地对其遮荫。在7～8月份，中午前后仍要遮荫进行降温。

※ 小雏菊

第二阶段：

当雏菊进入第二阶段时，其湿度要保持在 70％～80％，能使其根扎入介质吸收养分供其子叶的伸展，温度要控制在 16℃～20℃，等到第一对真叶展开即可开始施肥，以 50ppm 的 20－10－20 水溶性肥料为主。此阶段过后即可开始用 288 或 128 穴盘进行一次移植。

第三阶段：

第三阶段是雏菊苗的快速生长期，所以要防止介质过湿，以 50ppm 的 20－10－20 和 14－0－14 的花卉专用肥交替施用。由于气温的高低和蒸腾的大小，一般 2～3 天要给雏菊苗浇一次液肥，而不再浇水。这是种苗生产中的一种较科学的水肥管理方法。如按传统方法，可以隔时间段浇一次肥，则浓度相对加至 70～100ppm。但在浇水或肥之间应让介质稍干一下，利用干湿交替来促进苗的生长和根系的发育。当苗长有 2～3 对真叶，苗高 3～4 厘米，根系发育基本完全，即可进行下一阶段的炼苗。

第四阶段：

雏菊苗在第四阶段的时候，它的根系已长好，已有 3 对真叶。可考虑盆前的炼苗过程。温度同第三阶段一样，但是湿度要略微降低。第四阶段的水分控制尤其重要，施用 14－0－14 水溶性肥料，否则苗很容易徒长。所以要有充足的阳光，加强通风，控制温度和湿度，防止其徒长。

▶ 知识窗

·世上的奇卉——佛手·

佛手又名九爪木、五指橘、佛手柑，为芸香科常绿小乔木。主产于闽粤、川、江浙等省的佛手，其中浙江金华佛手最为著名，被称为"果中之仙品，世上之奇卉"，雅称"金佛手"。佛手的叶色泽苍翠，四季常青。佛手的果实色泽金黄，香气浓郁，形状奇特似手，千姿百态，让人感到妙趣横生。佛手不仅有较高的观赏价值，而且具有珍贵的药用价值和经济价值。

佛手如果养护不好，很容易落叶，大量落叶会直接影响植株的光合作用，导致开花不好坐果难，甚至不开花不结果。所以要养好佛手，保叶很重要。

佛手植株每年春、夏、秋季都要抽梢一次，春梢、夏梢要及时剪除，秋梢可保部分健壮枝留待来年结果外，其余的也要剪除，以免与叶片生长争夺养分。有的佛手在生长过程中，叶片呈黄绿色或出现黑褐斑，说明土中缺钾，需增施钾肥。如果佛手叶片发黄，光泽暗淡，说明土壤碱性大，可每月施一次矾肥水（硫酸亚铁），增加土壤酸性。如果佛手光长叶不开花，说明氮肥过多，可停施氮肥，增施磷肥。如果佛手枝叶不茂，长势不好，花少又不易坐果，说明氮肥不足，可增施氮肥。另外，每年要重视施好施足采后肥与催芽肥，采后肥必须在 11 月中旬进行，催芽肥必须在 3 月中旬进行。催芽肥施得过多，不但不能多花多果，反而会多生 6 月梢，影响坐果。

要想使佛手坐果好、果形美，还要注意保护好春天开的花。6～8 月结的"伏果"多为开佛手，前端易裂如手指，果形美观。秋果为拳佛手。红花品种佛手的果是拳佛手。

拓展思考

1. 小雏菊与菊花的区别？
2. 小雏菊与菊花的关系？

西班牙——康乃馨

Xi Ban Ya——Kang Nai Xin

康乃馨也叫香石竹。康乃馨是世界上很多国家母亲节上的首选花卉。如果说人们对母亲的赞颂是一曲永远没有结尾的乐章，那么，康乃馨则是这乐谱上跳动着的色彩缤纷的悦耳音符。

※ 西班牙之花——康乃馨

康乃馨是香石竹的音译名称，为石竹科多年生宿根草本花卉。康乃馨的茎质坚硬，灰绿色，节膨大；叶厚线形，对生；花大，具芳香，单生或成聚伞花序；萼下有菱状卵形小苞片四枚，先端短尖，长约萼筒四分之一；萼筒绿色，五裂；花瓣不规则，边缘有齿，单瓣或重瓣，有红色、粉色、黄色、白色等色。康乃馨原产于欧洲，是西班牙和其他好多国家的国花。

◎康乃馨的简介

康乃馨也叫做香石竹。它的出名得益于 1934 年 5 月美国首次发行的母亲节邮票。邮票图案是一幅世界名画，画面上一位母亲凝视着花瓶中插的石竹，邮票的传播把石竹花与母亲节联系起来，于是西方人也就约定俗成地把石竹花定为母亲节的节花。每到母亲节这一天，母亲健在的人都佩戴红石竹花，并将其制成花束送给母亲。如果是已丧母的人，则佩戴白石竹花，以示哀思。世上没有无母之人，石竹花也就成了无人不爱之花。石竹花因母亲节而蒙上一层慈母之爱的色彩，成为献给母亲不可缺少的礼物。随着改革开放的深入，中外文化的交流，母亲节也渐渐传入中国，香石竹也就真正地"香"起来，普通百姓也慢慢接受了这个好听的洋名字——康乃馨。

康乃馨，大部分代表了对母亲的爱，也代表着魅力和尊敬之情，红色代表了爱和关怀，粉红色康乃馨传说是圣母玛利亚看到耶稣受到苦难流下伤心的泪水，眼泪掉下的地方就长出来康乃馨，因此粉红康乃馨成为了不朽的母爱的象征。但是在法国，康乃馨被视为不祥的花朵。

康乃馨喜欢生长在凉爽和阳光充足的地方，不耐炎热、干燥和低温。

◎康乃馨的繁殖和栽培

康乃馨用播种、压条和扦插法均可，但是以扦插法为主。

康乃馨的扦插除炎夏外，其他时间都可进行，尤以 1 月下旬至 2 月上旬扦插效果最好。插穗可选在枝条中部叶腋间生出的长 7～10 厘米的侧枝，采插穗时要用"掰芽法"，即手拿侧枝顺主枝向下掰取，使插穗基部带有节痕，这样才能使康乃馨更易成活。采后即扦插或在插前将插穗用水淋湿亦可。扦插土为一般园土掺入 1/3 砻糠灰或砂质土。插后经常浇水保持湿度和遮荫，室温 10℃～15℃，20 天左右可生根，一个月后可以移栽定植。压条在 8～9 月进行。选取长枝，在接触地面部分用刀割开皮部，将土压上。经 5～6 周后，康乃馨就可以生根成活。

康乃馨的管理：栽种康乃馨时，其土壤要求排水良好、腐殖质丰富，保肥性能良好而微呈碱性之黏质土壤；康乃馨喜欢用肥料来滋养，所以在栽植前要施以足量的烘肥及骨粉，在生长期内还要不断追施液肥，一般情况下每隔 10 天左右就要给它施一次腐熟的稀薄肥水，采花之后，还要施加一次；康乃馨在生长的时候还要不停地对其进行修剪，需要从幼苗的时候就对它进行多次摘心：当幼苗长出 8～9 对叶片时，进行第一次摘心，保留 4～6 对叶片；待侧枝长出 4 对以上叶时，第二次摘心，每侧枝保留 3～4 对叶片，最后使整个植株有 12～15 个侧枝为好。

强光是康乃馨的重要特性。在栽植的情况下无论是室内越夏、盆栽越夏还是温室促成栽培，都需要充足的光照，所以都应该把它放在直射光照射的向阳位置，这样才会更加有效地促进它的生长。

◎康乃馨的功效与作用

《本草纲目》上记载着：康乃馨花茶性微凉、味甘，入肺、肾、经，有平肝、润肺养颜之功效。近代医学也证明，长期饮用花茶有祛斑、润燥、明目、排毒、养颜、调节内分泌等功效。

第一，康乃馨具有美容养颜、美白皮肤、祛斑除皱之功效，可用于调节女性内分泌失调。

第二，康乃馨含人体所需的各种微量元素，能改善血液循环，促进机体的新陈代谢，具有固肾益精，治虚劳、咳嗽，消渴的作用。

第三，康乃馨具有清心除燥，消炎除烦的效用，对治疗头痛牙痛有明显疗效。

第四，康乃馨有安神止渴、生津润喉、健胃消积、调节血脂、减肥等功效。

※ 红色康乃馨

◎康乃馨的花语：

康乃馨有几种颜色，不同的颜色的花语也不同。

红色康乃馨：祝愿母亲健康长寿。

黄色康乃馨：代表对母亲的感激之情。

粉色康乃馨：祈祝母亲永远美丽年轻。

白色康乃馨：除具有以上各色花的意思外，还可寄托对已故母亲的哀悼思念之情。

总之，康乃馨就是用来祝福母亲的花，它是对母亲的爱的象征。

▌知识窗

·康乃馨的种类·

康乃馨品种很多，其分类也因为花的植株特点、花型、花色的千变万化而各不相同。如果按照平常的分类方法可以把它分为三大类。花茎类：这类耐寒性较强，植株较矮，花梗短，春夏开花。玛尔美生类：这类耐寒性较强，露地栽培容易，花茎数多，瓣端波状。四季康乃馨：植株高大，花茎强韧，花大，重瓣，一般为温室栽培，切花多用此类品种。另外可以按花色来分。大红类品种：花色有大红、粉红和混色。紫色类品种：花紫色。肉色类品种：花玛瑙色、淡黄、黄等。最后还有一种，就是按照花的大小不一和数目来分，这类分法还可以分为大花香石竹和散枝香石竹两类。总之由于康乃馨的品种较多，而它的花色、花型、植株特点也各有不同，所以分类也较多。

▌拓展思考

1. 康乃馨的种类？
2. 康乃馨的养护？

以色列——银莲花

Yi Se Lie——Yin Lian Hua

银莲花被以色列称为国花，银莲花的花开得很艳丽，在植物界里是最显眼的，所以银莲花广泛用于室内及庭院装饰，是花卉交易市场上的大宗。银莲花在希腊语中是风的意思，因为在银莲花开花的季节，漂亮的花朵都会迎着风进行摇摆，好像在期盼着什么似的，所以它的花语是期待。传说，凡是受到这种花祝福而生的人，就会爱浪漫，爱幻想，不过明白现实还是必需的。

◎银莲花的简介

在世界各地都可以见到银莲花的踪影。在我国，银莲花多见于东北地区、河北地区及山西北部、北京等华北地区。银莲花属于毛茛科，是银莲花属植物所开的花朵的通称。由于银莲花开放之后一直是随风而摇摆，所以也有人叫它"风花"，又因为银莲花、草地银莲花及白头翁银莲花等的盛开象征着"复活节"，故又称为"复活节花"。

银莲花是草本植物，高约 30～60 米，叶片圆肾形，三全裂；一棵银莲花上长有 2～5 朵花，颜色为白色带粉红色。银莲花的

※ 以色列之花——银莲花

花期为春季，也有一部分的花期在秋季。在春季开花的有亚平宁银莲花、希腊银莲花和孔雀状银莲花。湖北的银莲花和日本的银莲花是秋季开花的沿边花坛花卉。银莲花喜欢生长在凉爽、潮润、阳光充足的环境，较耐寒，最害怕高温多湿。

◎有关银莲花的传说

银莲花的花语——期待，也是源自希腊的神话。相传，银莲花是由花神芙洛拉（Flora）的嫉妒变来的。这则神话是说，嫉妒阿莲莫莲（A-nemone）和风神瑞比修斯恋情的芙洛拉，把阿莲莫莲变成了银莲花。所

以，银莲花总是随风而摆动。

还有另一种说法是，美神阿芙洛狄忒（Aphrodite）所爱的美少年阿多尼斯（Adonis），在狩猎时被野兽所杀，从他胸口中流出的鲜血，就变成了银莲花。因此，银莲花是一种凄凉而寂寞的花。但是，人世间的凄凉则是，你所爱的人爱着别人。假如真的是这样，就不妨送他一束银莲花吧！因为只有懂得寂寞凄凉的人，才能理解别人的寂寞与凄凉。所以银莲花还有另一个花语——消失的希望。

◎银莲花的栽培与管理

银莲花繁殖的时候可用种子繁殖和分株繁殖。种子采收后即可播种，一般为避免高温，在 9 月至 10 月播种，因种子有毛，可与沙混播，覆土 0.5～0.6 厘米，在 15℃ 的温度下，15 天即可发芽，银莲花的播种苗形成三角形的球根，球根分植时应将先端向下种，银莲花经过 18 个月后才能开花。分球宜在花后，于 6 月中下旬地上部分开始转黄时，选晴天采掘球根，消毒后，放在背阴、避雨、通风处阴干后干贮，10 下旬将球根掰开后分株栽培。

1. 栽种时期及设施要求

在我国栽培银莲花时，要在 9 月上旬到 11 月中旬的南方栽种，银莲花的产花时期为 11 月中旬到 4 月下旬。在温室大棚里栽培，要求具备一定的保温、滴灌、遮荫、通风等设施条件。

2. 品种选择

冠状银莲花切花品种可供选择的花色有红色、蓝色、紫色、淡紫色、粉色、白色，混色。选择花苞大、半重瓣、花枝粗长的品种。

3. 种植地选择、整地

在对银莲花栽培的时候要选择光照充足的地块，要求土层深厚富含有机质，疏松而排水良好的土壤，PH6.5。种植前施足基肥，以腐熟堆肥为主，普钙 300 千克～400 千克，可掺入一定量的腐殖土改善土壤结构。深翻后整地理墒，墒面宽 1 米，沟深 0.3 米、宽 0.4 米，浇透水待用。

4. 种球处理

（1）浸泡及清洗

冠状银莲花种球栽种前是干瘪状，所以要用清水浸泡 24～36 小时，这样可以使种球充分膨胀。浸泡后适当清洗，将种球表面的泥浆和附着物去除。

（2）种球筛选

浸泡后种球饱满肥实坚硬、锥体状或带有部分突起、灰黑色，淘汰带病、虫斑和有机械伤口的种球。切花种球规格围径一般在 5 厘米以上，通常采用围径 6～9 厘米的种球进行切花生产。

（3）消毒及包装

种球清洗后筛选出的优质种球在百菌清或多菌灵药液中浸泡 20～30 分钟，消毒后适当淋干水分。包装以珍珠岩为基质，包装时每箱种球不超过 5 层。

（4）低温春化及催芽

为促进银莲花种球生根萌芽，进行低温处理，温度为 1℃～3℃，时间 3～5 周。种球从冷库中取出后，摆放在 15℃～18℃温度下进行催芽，8～10 天后可萌芽整齐。种球萌芽后芽点粗壮，根系丰富，无病斑，根芽无腐烂，芽体无病变。

5. 定植

银莲花的种球生根、萌芽 1～2 厘米时开始定植，定植时必须保证土壤湿润，种植深度以发芽部位能适当盖土为宜，株行距为 30 厘米×30 厘米，浇透水。定植后忌移栽，否则会生长不良或死亡。

6. 田间管理

银莲花定植初期，采用 80％的遮荫网进行遮荫，并适时浇水，10 月中下旬气温较低时栽种，可不用遮阳网。苗期土壤不宜太湿，以防烂根；植株长有 5～6 片真叶时可进行第一次施肥。保持通风，加强光照，日温 15℃～23℃，夜温 5℃～10℃。适当补充 20：10：20 的少量复合肥；在银莲花植株的营养生长中期，需要补充大量的钙肥和钾肥，每亩每次追施硝态氮肥 10～12 千克，钙肥 8～10 千克；常浇水，2～4 天一次保持土壤湿润，但不能积水；冬季注意保温防止霜冻，保持棚内每天的通风换气。为保证切花产量和质量均衡，现蕾初期应开始控制花枝数量，银莲花从 12 月到翌年 4 月大量产花。适时清除田间杂草和带病枝叶，剪除劣质花茎，及时喷药防止病虫害，切花采收期光照过强可采用遮荫网，保障切花品质。

7. 病虫害防治

银莲花病虫害防治在栽种前需要进行土壤消毒杀虫；筛选健康的种球，进行严格的消毒，调控株行距保障种植地具备良好的通风条件，配备完善的灌溉设施，可减少病虫害的发生和蔓延。

◎银花的药理作用

很多人都知道银莲花是一种药，当花谢之后也都会去收集。银莲花最常见的病害有腐霉菌引起的腐烂病、丝核菌引起的立枯病、灰葡萄孢菌引起的灰霉病以及白粉菌引起的白粉病。

银莲花还有抗肿瘤作用、抑菌作用、抗炎作用、镇痛作用、解热作用、镇静作用和溶血作用等。银莲花也是最好的花材之一。

·铃兰花——纯洁的象征·

铃兰又名君影草、山谷百合、风铃草，是铃兰属中唯一的种。原产北半球温带，欧、亚及北美洲和中国的东北、华北地区，海拔850～2500处均有野生分布。也有以铃兰为名的日剧，一些动漫、游戏、轻小说中也有以铃兰为名的角色。

喜凉爽、湿润、散射光及半阴的环境，耐寒性强，忌炎热干燥。喜肥沃排水良好的沙质土壤。夏季休眠。在温度较低的条件下，阳光直射也可繁育开花。极耐寒，忌炎热，气温30℃以上时植株叶片会过早枯黄，在南方需栽植在较高海拔、无酷暑的地方。喜微酸性土壤，在中性和微碱性土壤中也能正常生长。

除了常见的白花外，变种有大花铃兰及红花铃兰。特别是大花铃兰，在四月间会从一对深绿色长椭圆形叶子上伸出弯曲优雅的花梗，绽开清香纯白的花朵。除单瓣外，更有重瓣铃兰品种。有的园艺杂种呈现斑叶，称为斑叶铃兰。

传说，在森林守护神圣雷欧纳德死亡的土地上，开出了白色又具有香味的铃兰。铃兰绽放在那块冰凉的土地上，就是圣雷欧纳德的化身……一束束密生的小花，让人联想到，她是不是有一股"抓住幸福"的强烈意念呢？在古老的苏塞克斯的传说中，勇士圣雷欧纳德决心为民除害，在森林中与邪恶的巨龙拼杀，最后精疲力竭与毒龙同归于尽。而他死后的土地上，长出了开白色小花犹如玉铃的散播芬芳的铃兰。那块冰冷土地上独自绽放的铃兰就是圣雷欧纳德的化身，凝聚了他的血液和精魂。根据这个传说，把铃兰赠给亲朋好友，幸福之神就会降临到收花人身旁。乌克兰有个美丽的传说，说是很久以前有一位美丽的姑娘，痴心等待远征的爱人，思念的泪水滴落在林间草地，变成那芳馨四溢的铃兰。也有人说那是白雪公主断了的珍珠项链洒落的珠子，还有人说那是7个小矮人的小小灯笼。有一个传说，是一个叫"琅得什"（俄文中铃兰的音）的少年，为了他的爱人"维丝娜"（俄文中春天的意思）离他而去变得伤心欲绝，少年的泪水变成了白色的花朵，而少年破碎的心流出的鲜血变成了铃兰艳红的浆果。铃兰是古时候北欧神话传说中的日出女神之花，是用来献给日出女神的鲜花。铃兰也是北美印地安人的圣花。浪漫的法国人还有一个专门的"铃兰节"，在五月的"铃兰节"那天法国人互赠铃兰小花，象征吉祥和好运。

拓展思考

1. 银莲花的经济价值？
2. 银莲花的作用？

神

秘的植物——芦荟

SHENMIDEZHIWU——LUHUI

  芦荟，又叫龙角，它是一种科属多年生常绿多肉质草本植物。历史悠久，早在古埃及时代，其药效便被人们接受、认可，称其为"神秘的植物"。芦荟会为一种绿色天然植物。自上世纪40年代起，逐渐被现代医学所认识。美国、日本以及欧洲的许多国家，对其进行了广泛、深入的研究。在其原有观赏和传统应用的基础上，开发出美容、食用、日常保健以及大范围地医学应用。使其成为身价倍增为大众健康的服务的"新宠"。

芦荟的概述
Lu Hui De Gai Shu

◎芦荟的简介

芦荟也叫做龙角，它原产于非洲热带干旱地区，所以被看作是非洲的植物。但是现在芦荟到处可见，据调查，在印度和马来西亚一带、非洲大陆和热带地区都有野生芦荟分布。我国云南元江地区，也有野生状态的芦荟存在。芦荟的作用很多，是现代社会中大众最爱的植物。芦荟还易于栽种，是花叶兼备的观赏植物。芦荟也可以食用，但并不是每一种都可以，可食用的品种只有六种，而当中具有药用价值的芦荟品种主要有：洋芦荟、库拉索芦荟、好望角芦荟、元江芦荟等。

芦荟属热带植物，喜光、喜温暖、耐干旱、耐热力强，不耐寒、怕寒冷、忌潮湿积水是它的生长习性。因此，在栽培芦荟的过程中，必须符合它这一生态习性，以保证芦荟栽培所要求的生态环境的外界条件。对于芦荟栽培，可以露地、大棚和温室栽培。芦荟的叶子非常大并且很厚，基出、簇生、狭长披针形，带有花黄色或有赤色斑点，多产于热带地方。芦荟也叫做"油葱"。因为它长得绿绿的，所以人们把芦荟的花语定义为青春之源。

◎芦荟的生长习性

芦荟本是热带植物，生性畏寒，但极易种活。芦荟喜欢生长在排水性能良好、不易板结的疏松土质中。在芦荟种植的土壤中可以掺杂一些沙砾、灰渣等，这样有利于根部的吸收，不容易死掉，但凡事适可而止，也不能太多，太多的话会导致它的养分和水分流失，使芦荟生长不良。芦荟属于热带植物，所以喜欢阳光，怕寒冷，它在5℃左右就会停止生长，在0℃时，生命过程就会发生障碍，如果低于0℃，它就会冻伤或是死掉。芦荟最适合的生长温度为15℃～35℃，湿度为45％～85％；芦荟也需要水，但怕积水，在阴雨潮湿的季节或排水不好的情况下很容易使叶子萎缩、根部烂掉，以至最后死亡；芦荟需要享受阳光，但是幼小的芦荟不适合晒太阳。芦荟一般都采用幼苗分株移栽或扦插等技术进行无性繁殖。无性繁殖速度更快，可以稳定保持品种的优良特征。

◎芦荟在中国的历史

芦荟传入中国，并没有确切的时间，据史料和有关专家研究推测，芦荟在中国被利用至少也有上千年历史了。汉代张骞出使西域，打通了丝绸之路，有力地促进了我国和阿拉伯各国的相互交流、了解。在漫长的历史岁月中，波斯所产的芦荟干块药材即是通过丝绸之路传入中国的。

※ 芦荟

芦荟在我国开始利用，有文字可查的应属隋末唐初甄权所著的《药性本草》，该书写到："卢会……杀小儿疳蛔，主吹鼻杀脑病，除鼻痒。"文中卢会当然就是指芦荟，它是指现在药材店出售的芦荟干块。当时芦荟是用来杀蛔虫，治鼻炎的。疳是指小儿面黄肌瘦、消化不良或营养不足、腹部膨胀的病症。芦荟治疗这种病的效果特别好，到现在为止，临床还在应用。唐太宗时期药物学家李询所著的《海药本草》称芦荟"主治小儿诸疳热"；唐代诗人刘禹锡在所著医术《传信方》谈用芦荟治疗湿疹的经验，对芦荟的功效十分赞赏。

明朝的时候，杰出的医学家、药物学家李时珍总结前朝历代医学著作中关于药理和药效的作用时，对芦荟进行了进一步并且更为详细地研究和考证，并在《本草纲目》木部三十四卷中写道："卢会，又名象胆，名义未详……卢会原在草部，药谱及图经所状，皆言木脂，而一统志云……。"李时珍对芦荟的药性药理的研究结论非常明确，他认为芦荟药性"苦，寒，无毒"。李时珍的研究结果，成为后来医学家在利用芦荟时的重要依据。另外，李时珍还对芦荟有关护齿、护肤、美唇等方面的作用也做了精辟的论述和总结，这一成果比欧美各国提前了500多年。在人类历史发展中，我国对芦荟的利用也有了一定的认识，积累了不少宝贵的经验。但是，也应该看到，由于受时代、科学技术等各种因素的限制，人们对芦荟的知识一直停留在本草药物这个狭窄的范围内。对芦荟的利用，还有待于更多的了解与学习。

青少年应该知道的植物百科知识

◆ 知 识 窗

·芦荟的种类·

芦荟的品种繁多，据考证芦荟品种至少有300种，可食用的品种有6种。近代科学验证，具有开发价值的有皂质芦荟、中国芦荟、中国元江芦荟、好望角芦荟、美国库拉索芦荟等几个品种。

（1）皂质芦荟：含有黏性、叶汁较少，多用于观赏，也可用来美容。芦荟中含有大量芦荟凝胶、维生素、一些无机元素和必要的氨基酸，对人体的身体素质、新陈代谢非常有利。

（2）库拉索芦荟：又称为蕃拉芦荟，其叶汁非常丰富，被广泛应用在食品、药品和美容方面。

（3）中国芦荟：具有药用和美容价值，嫩叶可做芦荟原料食用。

（4）好望角芦荟：又称开普芦荟，产于南非共和国开普州，叶子坚硬，有刺，是一种传统的药用植物。

| 拓 展 思 考 |

1. 芦荟的特点？

2. 芦荟的作用？

芦荟与健康

Lu Hui Yu Jian Kang

芦荟中含有数十种营养元素，其中包括维生素 B_2、维生素 B_6、维生素 B_8 等多种人体肌肤所必需的氨基酸和矿物质，芦荟中还含有大黄素甙以及大量的蛋白质等元素。丰富的营养成分及特殊的医疗与保健功能，使芦荟具有神奇般的魔力，在各个方面都有非凡的作用。近年来，世界上很多国家和地区又掀起了一股芦荟热。美国人把芦荟作为健身食品，并且还研制出了芦荟三明治、芦荟色拉、芦荟果汁、芦荟糖果以及芦荟饺子等食品，并认为食用这些带有芦荟的食品能预防感冒和扁桃腺发炎；在日本，芦荟是时髦的保健食品，已被制作成各种美味家馔、药酒和果汁，如芦荟墨鱼炒番茄、芦荟炒蛋、芦荟凉拌菜以及芦荟蜂蜜汁、芦荟橘子水、芦荟面条、芦荟糕点、芦荟香口胶等营养餐；在澳大利亚、新西兰、印度尼西亚、印度、泰国、新加坡等国家也有不少人把服用芦荟食品看作一件很平常的事，认为食用芦荟既简单又方便，还能达到健体强身的目的。

芦荟除了在作为食品对人体健康有好处这一方面之外，在药用方面，对人类的身体也有很大的帮助。芦荟的清热通便功能，可健脾益胃、增进食欲、利于排泄、防止便秘；芦荟的杀虫疗疳功能，对小儿虫疳有显著疗效；芦荟的生肌治伤功能，对烧伤、烫伤、灼伤、刀伤、冻伤及皮肤皲裂等各种伤口具有很好的康复作用；芦荟的抗菌消炎功能，对各种皮肤的炎症、溃疡以及口腔炎、慢性中耳炎、关节炎症以及表皮癣菌、皮肤真菌等都有显著的治疗和保健作用。我国及美、德、俄等多国药典对芦荟的药理作用均有文字记载。国外民间食用经验认为，芦荟对于多种慢性病症状有一定的改善作用。

随着科学技术的发展和人类生活水平的提高，人们的健康观念也跟着发生了深刻的变化。芦荟既是天然药物，又是药用食物；不但具有显著的药用功效，而且还可作

※ 芦荟保健

为保健食品及美容化妆品的原料。芦荟的保健、美容、药用、食用四大功用正在被人们所认识，在不久的将来，芦荟的使用范围将会更广阔，其开发前景也是一片光明。

芦荟不仅长得美丽，也可以治病，还可以当作美味的食品。在现代的生活中，芦荟鸡、芦荟汤、芦荟用品等到处都是。但是到目前为止，地球上 380 多种的芦荟里，只有 5 种适合人体食用，其中最好的就是洋芦荟。另外，中医里的"芦荟"与现在大面积种植的用于保健食品的"芦荟"其实是两个不同的概念。中医里的"芦荟"是指芦荟表皮的叶汁干燥后的浓缩物，其中含有大黄素，可以作为泻药的成分；但食用芦荟指的是新鲜的、去除芦荟表皮的透明胶体，含有丰富、均衡的营养素。所以尽管芦荟的用途很广泛，也要科学地食用芦荟，不能乱用。芦荟的使用方法也有讲究，芦荟只要加热，或没有经过专利保鲜技术处理，都会失去其真正的疗效。更重要的是，当芦荟产品中芦荟含量低于 40％时，会反过来令产品内的细菌加速增长，影响使用者的身体健康。所以，建议消费者在使用芦荟产品时，要向销售人员询问芦荟的含量。

知 识 窗

·芦荟的营养成分·

1. 稳定的芦荟凝胶成分

木质素、芦荟酸、皂素、蒽醌、芦荟素、肉桂酸醌、芦荟苷、芦荟大黄素、异芦荟苷、大黄素、蒽、酚、大黄根酸、蒽。

2. 维生素

维生素 B_1、叶酸、维生素 B_2、维生素 C_3、烟酰胺、维生素 E、维生素 B_6、维生素 A 胆碱、B～胡萝卜素。

3. 无机元素

Ca、Mn、S、Mg、Cl、Zn、Cr、Cu。

4. 单糖和粘多糖

纤维素、葡萄糖、L～鼠李糖、甘露糖、术糖。

5. 酶

氧化酶、脂酶、淀粉酶、过氧化氢酶。

6. 必需氨基酸

赖氨酸、亮氨酸、苏氨酸、异亮氨酸、苯丙氨酸、缬氨酸。

拓展思考

1. 芦荟的食品有哪些？

2. 芦荟的功能有哪些？

芦荟与美容

Lu Hui Yu Mei Rong

芦荟，俗称"油葱"，在古代的医书里也称"象胆"。芦荟是集美容、护肤、食疗、药用及观赏于一体的神奇植物。其中，尤以美容、护肤及护发功效最佳，非一般的美容化妆品能与之媲美。

※ 芦荟与美容

自古以来，芦荟作为美容药草广为民间流传，大量的文献记载了它治愈皮肤炎症、痤疮、溃疡以及烧伤、烫伤、灼伤后治愈而不留疤痕的神奇功能，所以芦荟用于护肤美容比其他用途更为普及和深入人心。

使用芦荟美容对皮肤的护理效果很好，而且还有保养的功能。说起芦荟的美容功效，还得从古埃及艳后克罗巴特娜的轶事说起。克罗巴特娜以倾国倾城的美貌留名后世，她的肌肤和容颜始终保持青春的光彩和魅力，不论是眼角还是额头从未出现过任何一丝皱纹，好像她与衰老无缘。那么克罗巴特娜保持青春艳丽的秘密何在呢？谜底揭开，原来她是受神奇植物芦荟所赐，她经常用芦荟的汁液洗手、洗面、沐浴、涂敷等。

翠叶芦荟即库拉索芦荟，是最适合直接美容的芦荟鲜叶。库拉索芦荟具有使皮肤收敛、柔软化、保湿、消炎、漂白的作用，还有解除硬化、角化、改善伤痕的作用，不仅能防止小皱纹、眼袋、皮肤松弛，还能保持皮肤湿润、娇嫩，同时，还可以治疗皮肤炎症，对粉刺、雀斑、痤疮以及烫伤、刀伤、虫咬等亦有很好的疗效。库拉索芦荟还对头发有很好的功效，它能使头发保持湿润光滑，预防脱发。

芦荟制成的化妆品还有防晒的功能，太阳光线包括红外（＞770纳米）、可见（400～770纳米）和紫外（＜400纳米）范围的连续谱。波长280纳米以下的短波紫外线（UVC）在大气层中（臭氧层）几乎全部被吸收，到达地球表面的数量很少。可见，红外范围（400～1 400纳米）的辐射会使皮肤变红，但辐射过后很快消退；320～400纳米（UVA）波长紫外线会氧化表皮中的还原黑色素而直接晒黑皮肤，一般不会引起红斑；280～320纳米（UVB）波长紫外线会使皮肤引起急性皮炎（红斑）和灼伤。80年代以前的防晒制品主要防止UVB区紫外线的伤害，而对UVA区的紫外线注意甚少。

皮肤老化包括两个方面，即自然或内在老化和光致老化，而芦荟就有抗皱和延缓衰老的作用。不管是哪个方面的皮肤老化都可以用芦荟来保养，其用法是将生芦荟叶捣烂绞出汁，因为芦荟叶汁可消除粉刺、雀斑及老人斑。患者可用芦荟叶汁兑水揉擦患处，也可以内服，养成每天早晚定时内服和外用的习惯，短时间就会见效。活性氧对皮肤和血液循环系统的损伤是致衰老的主要原因。

芦荟含有多种能消除超氧化物自由基的成分，以延缓衰老。芦荟中含有过氧化氢酶、Va、Vb、胡萝卜素、半光胺酸以及大量矿物质（Cu，Zn，Mn，Fe），这些物质的存在，能使超氧化物自由基歧化、封闭或不产生O_2，均为氧自由基的良好清除剂。

芦荟中含有的活性水解蛋白酶可以清除死亡的角质细胞，给新组织创造正常的生存环境，防止皮肤粗糙和老化，帮助毛孔呼吸。

▶ 知识窗

·芦荟对皮肤有保湿的作用·

芦荟中富含的氨基酸和复合多糖物质构成了天然保湿因素（NMF）。这种天然保湿因素，能够补充皮肤中损失掉的部分水分，恢复胶元蛋白的功能，防止面部皱纹生长，保持皮肤光滑、柔润、富有弹性。

芦荟凝胶能增进水分渗透，它能渗入皮肤表层，使水分直接进入组织。芦荟凝胶能增加对皮肤的渗透是因为水解、咬合及增加化合物的溶解度，使其增进对皮肤的渗透，而黏浆作为咬合封层形成坚固的复盖层，能阻止皮肤表层水分的蒸发。

芦荟凝胶可单独或和其他原料一起使用于需要温和湿润的任何系统中。因此芦荟凝胶是各种化妆品中理想的天然润肤保湿因子。

拓展思考

1. 芦荟如何美容？
2. 列举芦荟美容产品（5种）？

种植芦荟

Zhong Zhi Lu Hui

芦荟的种类总共有 500 多种，它属于多肉类植物。芦荟的形状并不是一样的，种类与种类之间的形态有很大的差别，千姿百态。芦荟的花色、叶型各有特色，可适于各种不同的栽培目的，深受人们的喜爱。

※ 盆栽芦荟

◎选购幼苗

芦荟属热带植物，虽然其生命力很强盛，但是在种植芦荟的时候还是有研究的，其中选购幼苗就是重中之重。一般芦荟植株结实，容易种植，药效成分又多，以药用为准选购时要注意：①叶片一定要大，肉质要厚。因为叶片和肉质越大，里面的药效就会越多；②芦荟的茎要粗，叶与叶之间要紧密，因为这样可以有空间使芦荟更快速成长；③叶片略显黄色。充分吸收阳光的芦荟，叶片上略带黄色色泽。叶片翠绿的芦荟似乎效果更佳，其实这种芦荟只适宜用来观赏，药用成分却较差。除此之外，选购时最好选叶刺较尖及单株的芦荟。

◎种植幼苗的准备

种子繁殖育苗的芦荟在种植后 2～5 年才能抽花茎开花。芦荟不易自花授粉结实获得种子，而是需人工授粉处理才能获得较多的种子。种子播种所生的幼苗生长缓慢，芦荟从幼苗到成株约需 3 年，所以生产上少用种子繁殖，培育优良新品种时，才用种子繁殖。

芦荟的播种期：芦荟在春、秋两季都可以播种。

芦荟的播种方法：芦荟要用苗盆或苗床育苗。床土用干净的河沙或用蛭石、草炭、珍珠岩各 1 份，充分混合后装入苗盆或在苗床上整平，浇透水后播种，点播或条播，播后覆盖塑料膜保温。

芦荟的苗期管理：从播种至出苗，如气温在 15℃～30℃时，约 30 天后出苗，齐苗后要及时撤去覆盖物。苗盆或床土见干后方可浇水或喷透水，直至其再发干才浇水。当芦荟的小苗高约 2 厘米时，喷施 0.1％磷酸二氢钾水溶液，看苗长势少量施用。苗床育苗需进行分苗，把过密株分出另种，分苗在苗高约 3～5 厘米时进行，或按 6～8 厘米见方间苗，间苗时连根挖起，分至另一假植苗床，按 6～8 厘米见方假植，待苗高 10 厘米左右，有 6 叶 1 芯时，可以移植于小号花盆，或温室中地栽。

◎对于芦荟的养护

栽入芦荟完成之后，就要对它的养护上心了。

（1）浇水：芦荟属热带植物，比较耐干旱，是一种适宜盆栽的观叶植物，在一般情况下，十天半月不浇水，问题也不大，虽然影响芦荟正常的生长量，但不会引起干旱死亡。相比之下，由于浇水过多，使盆土长期积水，芦荟根系因氧气不足而发育不良，最后发黑坏死，造成烂芯死亡。

（2）观察：不同季节与盆栽芦荟浇水有着密切关系，所以要时刻观察芦荟的生长，再对其浇水。

（3）芦荟对温度的要求：在高温炎热强阳辐射的夏季，遮荫降温。在寒冷的冬季，采用保温增温，增施有机肥。芦荟怕寒冷，如果低于 0℃，就会冻伤。在 5℃左右停止生长，它生长最适宜的温度为 15℃～35℃，湿度为 45％～85％。芦荟在 15℃～35℃左右生长最快，我国 3～10 月份，大部分地区都符合这个温度。

（4）施肥：

堆肥：是利用各种植物的残枝落叶和有机废弃物，经微生物发酵堆沤而成的一种安全有机肥，其养分丰富，肥效持久，对芦荟有很大的帮助。

饼肥：即各种植物性的含油质果实经榨油后所剩下的油粕。饼肥含氮量较高，容易为芦荟植物所吸收。

▶知识窗

·芦荟的组织培养·

组织培养是大量快速繁殖种苗的重要方法之一，尤其是好望角芦荟，不易发生分株，分蘖芽能力弱，需要组织培养种苗。接种材料需取芦荟嫩茎尖部分用清水冲洗数次，再用洗涤剂洗涤、漂清，进入接种室。先用 70％的酒精浸 30 分钟，然后用 10％的漂白粉溶液消毒 10～15 分钟后用无菌水洗 6～7 次，切成 0.5～1 厘米的小段，在超净台上的火焰控制范围内，将其接种在已准备好的培养基上。

培养基：MS＋BA2＋IAB0.1。在常规无菌条件下，经 20 分钟高压灭菌后，冷却使用。

培养条件：接种后置 25℃、12 小时光照培养室中培养，约 1～2 个月，愈伤组织形成芽后，将已分化出芽的材料进行试管增殖。培养基仍用 MS＋BA2＋IAB0.1。20 天为一周期，增殖 10 倍以上。

　　生根培养：试管苗长达 2 厘米以上，即分出移至生根培养基上。培养基的配方为 MS 加 1.5 毫克/升吲哚丁酸（IBA）和 0.1～0.5 毫克/升激动素（KT），温度控制在 27±1℃，光周期每日 12～16 小时光照，约 2 周后生根。

　　试管苗的移植：将带根的小苗移植于用园土沙草炭为 2：1：1 的营养体中，喷透水，以后见营养钵或苗床基质发干时再喷水。苗圈温度控制在 15℃～28℃，空气湿度 80％～90％，待小苗长出新根后，降低湿度，进行炼苗后便可移栽。

拓展思考

1. 芦荟的繁殖与养护?
2. 芦荟的管理?

对芦荟的采收与加工

Dui Lu Hui De Cai Shou Yu Jia Gong

芦荟不仅可以当作一种植物被人观看，还可以用来食用、美容，甚至可以作为药引，所以芦荟也要不停地采收，但是对芦荟采收的时候要有讲究。

◎芦荟的采收

对芦荟的采收标准有两点：一是叶片外部形态饱满，芦荟植株下层叶片小于上层叶片时，对其可进行第一次采收，一般栽培一年半即可少量采收，2～3年后，可较大量进行采收；二是芦荟品种的有效成分已达到应有的标准。芦荟叶片成熟与否，外部的标志较难判断，内在的因素，特别是

※ 芦荟之花

有效成分是否达到标准要求，需要根据芦荟的年龄来判断。芦荟年龄低的，其内含有的有效成分就低，相反，年长的有效成分也就多了，所以芦荟一般长到一年的时候就可以采收了。

采收芦荟的时候一般从植株底部开始采取成熟的叶片，采收的时候可以在叶片下部叶鞘处用刀轻轻地划一下，然后再顺着剥下，这样采收的时候既不伤芦荟又可以保持叶片的完整。

生长良好的"上农大叶芦荟"，一年后就可长达80～90厘米，宽15厘米，单片叶子700克左右，每公顷土地一次可采30吨以上，每年可采收4～5次。采下的叶片可放在塑料筐或纸板箱中。装箱时要注意勿使芦荟叶边缘齿互相刺伤叶片，造成叶汁外流和叶片出伤斑。为了避免叶边缘齿互相刺伤，装箱时可将芦荟叶片分层排列整齐，在各层之间放隔层的稻草或铺上旧报纸，每箱也不宜装得太多，以免叶片互相挤压损伤。芦荟叶片压伤后，会流出汁液，在空气中氧化成红黑色，不仅影响外观，也增加

工厂加工处理时的困难。

采收芦荟的时候还要注意采收的数量。对于采收数量的多少要与加工厂的效率统一，因为当天采收的芦荟都会当天就送到加工厂加工，这样的效果会更好，所以对于采收的数量要特别的注意。如果芦荟采收太多就会造成芦荟叶片处理不及时，影响芦荟新鲜程度；但是采收太少，加工厂开工不足，同样也是一种浪费。所以尽量使种植、采运、加工相互配合，协调一致，从而减少浪费。

芦荟采收的季节并不固定，全年均可采收。采收芦荟的时候一般在早晨进行采收，尽可能于当天将新鲜芦荟叶片送工厂加工，这对提高芦荟产品质量是非常重要的。采收后的剩余部分可按扦插繁殖方法换盆或换地。

◎芦荟的加工

芦荟的加工工艺采用了比较先进的浓缩加工工艺，如喷雾干燥、冷冻干燥、超滤、反渗透膜等处理技术，从而为生产高质量的芦荟制品创造了条件。

芦荟的种类有多种，所以对于加工的方法也不一样。下面就简单地介绍几种不同芦荟的加工方法。

第一，库拉索芦荟。库拉索芦荟，又名巴巴多斯芦荟，洋芦荟，也叫美国芦荟、芦荟蕃拉、翠叶芦荟、真芦荟。

库拉索芦荟的加工方法是：首先将切下的叶片放在一个 V 形槽中，切口部向下斜摆在槽边上，V 形槽应当斜放，以便能从一端流出叶汁。当摆在 V 形槽下端的容器装满后，把叶汁倒入一个铜制的容器中加热蒸发，但加热温度通常低于开普芦荟，因此其产品常为不透明状态，虽然有时由于加热温度掌握不好，也可加工出半透明的产品，但随储存时间的延长也会渐渐变成不透明状态，这样的产品被称为"开普类库拉索芦荟"。传统的库拉索芦荟都是趁热将其倒入葫芦中销售，而现在这样的产品只能在博物馆中见到了。现在的库拉索芦荟药材的

※ 好望角芦荟

进出口都是装箱运输，每箱装这样的产品 130 千克。

第二，好望角芦荟。好望角芦荟也叫做开普芦荟。这种芦荟在我国的药典上称"新芦荟"或"透明芦荟"。

好望角芦荟的加工方法是：先在地面上挖一个圆形坑，坑内衬帆布或山羊皮。将切下的芦荟叶片约 200 片左右摆放在坑边，切口向下，大约 6 小时，叶汁即可收集完毕。将这些叶汁倒入一个大容器中，明火煮沸 4 小时，然后将产品趁热倒入一略小的容器中，要求容器中凝固的叶汁重 25 千克。

▶知识窗

·费拉芦荟·

费拉芦荟（又称美国芦荟、库拉索芦荟）经过多年生长，多肉汁，簇生于短茎上，呈莲座状。芦荟的树枝表皮坚硬，与普通的绿叶植物有很大的差异。芦荟枝内有透明的凝胶状果肉，也就是通常所说的费拉芦荟凝胶。芦荟汁有两个类型，黄色的乳汁是其中一种，它是从树枝外壳和果肉间的组织中萃取而得；另一种是透明的黏稠物质，它提取自果肉内部。黄色液体的主要成分为芦荟素（又称葡糖基蒽酮）和苯酚。这些成分可用于加工润肠、通便的药物。透明的黏稠凝胶则是真正的费拉芦荟凝胶。

芦荟汁能抵抗各种细菌、真菌及过滤性毒菌，抗氧化作用也很显著。乙酰类成分对发挥药物活性非常重要，因为它包含了一系列亲水性烃氢氧基，确保分子能穿透细胞中的疏水阻隔层。芦荟汁中的糖蛋白也很有保健价值，芦荟中还含有能提高免疫力的血凝素和预防血管扩张的蛋白酶。

| 拓展思考 |

1. 芦荟的采收季节是什么季节？
2. 芦荟的种植要点有哪些？

芦荟的治疗作用

Lu Hui De Zhi Liao Zuo Yong

芦荟最早见于《开宝本草》，目前世界上品种多达300种以上，但主要药用品种是百合科植物库拉索芦荟、好望角芦荟和斑纹芦荟三种。这三种芦荟的叶、花、根均可入药，叶中的汁液经浓缩加工的制成品（芦荟干块）即为芦荟的药用品。

※ 芦荟三

在我国古代，应用芦荟治疗疾病已相当流行，关于芦荟的药用价值和治疗作用，在古书《药性论》《海药本草》《开宝本草》《本草图经》《得配本草》《本草再新》中均有详细记载。

芦荟苦寒，入肝、心、脾经。主要成分为芦荟大黄素甙、异芦荟大黄素甙、芦荟甙等。具有泻下通便、清肝泄热、消疳杀虫的功效，用于治疗热结便秘、小儿惊痫、疳热虫积、癣疮、痔瘘、萎缩性鼻炎、瘰疬烫伤、割伤等。

芦荟治疗的范围很广：

第一，消化系统的疾病。芦荟挤出来的黄汁有消炎、杀菌、健胃、通便等作用，对急性胃炎的治疗效果显著；芦荟可以促进胃液分泌，增进食欲，提高消化能力，对慢性胃炎也有一定的治疗效果。由于黄汁对胃炎的显著疗效，用芦荟治疗胃炎，需要连皮一起服用。因为芦荟中含有的 aloin 和 aloenin 可以调节胃的自律神经，刺激胃部，使已经降低的机能再度活跃起来。同时，由于芦荟味苦，所以能够促进胃液的分泌；芦荟中含有的维生素 C，可以促进胃黏膜的新陈代谢，强化黏膜的功能。食用芦荟可以治疗胃下垂。芦荟有健胃整肠作用，其中 aloenin 等成分有抗菌、防霉作用，可以预防食物中毒和细菌性痢疾。当芦荟用于治疗腹泻时，要去除芦荟的表皮部分，只使用叶肉部分。自古以来，芦荟就是作为最有效而无任何副作用的缓泻剂备受人们的青睐，是治疗便秘的特效药。

第二，心血管的疾病。芦荟在心血管方面具有促进血液循环、软化血管、清除血管内沉积的有害物、增加血管弹力、增强心血管功能等作用，可作为治疗高血压的辅助药物。芦荟的效力是慢慢显现出来的，并不是服用一次就好了，要长期坚持服用芦荟制品。芦荟中的黄汁具有健胃和促进心血管系统功能的作用，可以增进食欲，提高营养摄取能力，从而改善体质。芦荟在人体内还能保持铁离子的最佳活性状态，促进人体对铁的吸收。芦荟有活血、抗凝血作用，因此对冠状动脉硬化有预防和一定的治疗作用。同时芦荟还可以防止由于高血脂、高血压、糖尿病等疾病导致的冠状动脉粥样硬化。

第三，神经系统的疾病。芦荟可以增加细胞的新陈代谢，使血管的弹性增加，血流顺畅，减少因血管扩张、收缩造成的头痛。同时对诱发偏头痛的一些疾病如胃肠炎、高血压、动脉硬化等有预防和治疗作用。短期内，芦荟的消炎和促进伤口愈合作用可以对关节炎产生治疗作用。从长远看，免疫系统功能紊乱是造成这种病的主要原因，芦荟的"免疫刺激剂"作用也可发挥出来。芦荟可以促进血液循环，还有镇痛作用，可以治疗肩周炎，但芦荟不可能使肩周炎发作时立即止痛，也不可能短期内使肩周炎康复，所以对芦荟的使用要长期坚持。使用芦荟可以采用内服和外用相结合的方式。

第四，呼吸系统的疾病。定期服用芦荟可以防感冒；芦荟还具有消炎、止痛、消肿的作用，对感冒的症状，如咽喉炎、痰多等都很见效。芦荟的解毒和利尿作用可以防止结核药物的副作用，并通过控制并发症的发生来控制病情恶化；芦荟可以和常规药物共同作用杀灭感染的病菌，并有效地防止耐药菌的产生；同时芦荟通过提高人体的免疫力来提高人体的耐病能力和抗炎能力，可以有效地治愈结核病和缩短治疗时间。芦荟能促进血液循环，加速新陈代谢，增强身体免疫力，激活吞噬细胞的活性，杀死侵入人体的病菌，并能中和体内的毒素，对于治疗慢性支气管炎有一定的疗效。

可见，芦荟的用途很广泛，这也是它被人们所喜爱的原因之一。

▶ 知 识 窗 ◀

·芦荟其他方面的疾病治疗·

芦荟对于其他方面的疾病也有明显的治疗效果。芦荟治疗牙病的过程包含了发炎、感染、疼痛和伤口愈合，其主要作用就是消炎、抗感染、愈合和刺激免疫系统。芦荟中含有 aloin，具有很好的解毒作用，可以刺激胃黏膜、激发肝脏机能，消除酒醉。酒醉时，由于胃的消化力较弱，尽可能选择比较容易饮用的方法。可以选用芦荟汁加入饮料、蜂蜜中，也可以将芦荟粉末加入茶中饮用，饮用芦荟饮料的同时吃一些绿色蔬菜，效果会更好。芦荟还可以调节肠胃功能，减少产生晕车的机率，同时从精神上起到镇静作用。在乘车、船前生食几厘米芦荟鲜叶，也有预防作用。乘车时或已经有晕车的感觉时一点点地嚼食芦荟鲜叶，感觉会好转。

| 拓展思考 |

1. 芦荟里含有哪些物质？
2. 芦荟的药用价值？

植物食用宝典

第八章

ZHIWUSHIYONGBAODIAN

在植物界里面，有不少的植物都是可以食用的，有的叶子可以食用，有的花瓣可以食用，有的茎可以治病等等。据统计可食用的花卉约97个科，100多个属，180多种。在现代生活中，鲜花美食更成了食苑奇葩。鲜花可入菜肴，可熬粥品，可制糕点，可做馅心，可成香料，可发甜酱。鲜花美食之所以能盛行，是因为鲜花里富含蛋白质、脂肪、淀粉、多种氨基酸及维生素，还有丰富的常量元素和微量元素等人体必不可少的多种营养成分，具有一定的药用价值和保健功能。

百合
Bai He

◎百合的简介

百合主要分布在亚洲东部、欧洲、北美洲等北半球的温带地区。百合属于百合科百合属多年生草本球根植物。百合的应用价值不仅在于观赏，也可以食用。百合性喜湿润、光照，要求肥沃、富含腐殖质、土层深厚、排水性极为良好的沙质土壤，多数品种宜在微酸性至中性土壤中生长。百合喜凉爽潮湿环境，日光充足、略荫蔽的环境对

※ 百合

百合更为适合。百合忌干旱、忌酷暑，它的耐寒性稍差。百合分为多种，有卷丹百合、美丽百合、山丹百合等。

◎百合的食用价值

百合是中国传统的出口特产，现在人们的消费也连年攀升。百合内除含有淀粉、蛋白质、脂肪及钙、磷、铁、维生素 B_1、维生素 B_2、维生素 C 等营养素外，还含有一些特殊的营养成分，如秋水仙碱等多种生物碱。这些成分综合作用于人体，不仅具有良好的营养滋补之功，而且还对秋季气候干燥而引起的多种季节性疾病有一定的防治作用。中医上讲鲜百合具有养心安神，润肺止咳的功效，对病后虚弱的人非常有益。

每百克百合鳞茎里含有蛋白质 4 克、脂肪 0.1 克、碳水化合物 28.7 克、粗纤维 1 克、钙 9 毫克、磷 91 毫克、铁 0.9 毫克，也含有维生素 B_1、B_2、C 和泛酸、胡萝卜素等。蛋白质中 18 种人体必需氨基酸含量较高。百合与一般蔬菜比，蛋白质含量比番茄高 5.0 倍，比黄瓜高 3.5 倍，比韭菜高 0.5 倍，比大白菜高 1.6 倍，比马铃薯高 0.8 倍；糖的含量比番茄和黄瓜各高 10.4 倍，比韭菜高 4.7 倍，比大白菜高 6.6 倍。所以百合的营

养价值是很高的。

百合除了可以做营养美食之外还可以作为药引。经医学研究发现，百合鳞茎中含有秋水仙碱等多种生物碱，体外组织培养浓度在 1 微克/毫升 1 时，有明显抗癌活性。体内试验证明对肉瘤 180、子宫颈癌 14 均有抑制作用。此外，百合还有升高外周白细胞、提高淋巴白细胞转化率和增强体液免疫功能的作用。百合还有润肺止咳、安心宁神等疗效。

▶知 识 窗

·百合的食疗作用·

1. 润肺止咳

百合鲜品含黏液质，具有润燥清热作用，中医用之治疗肺燥或肺热咳嗽等症，常能奏效。甘凉清润，主入肺心，清心安神定惊，为肺燥咳嗽、虚烦不安所常用。

2. 宁心安神

百合入心经，性微寒，能清心除烦，宁心安神，用于热病后余热未消、神思恍惚、失眠多梦、心情抑郁、悲伤欲哭等病症。

3. 美容养颜

百合洁白娇艳，鲜品富含黏液质及维生素，对皮肤细胞新陈代谢有益，常食百合有一定的美容作用。

4. 防癌抗癌

百合含多种生物碱，对白细胞减少症有预防作用，能升高血细胞含量，对化疗及放射性治疗后的细胞减少症有治疗作用。百合在体内还能促进和增强单核细胞系统和吞噬功能，提高机体的体液免疫能力，因此百合对多种癌症均有较好的防治效果。

|拓展思考|

1. 百合的药用价值？

2. 百合的作用？

花粥

Hua Zhou

人们的生活水平提高了，鲜花以其艳丽、香味和娇容吸引着越来越多的人。很多鲜花中含有各种生物甙、植物激素、花青素、酯类、维他命和微量元素等，这些元素可以克制某些引起皮肤老化的酶类，加强皮肤细胞的活气，并可调节神经，增进人体新陈代谢，有较佳的护肤养颜的美容作用。因而，食用鲜花也逐渐成为一种新的饮食潮流和饮品时尚。

※ 花粥

梅花粥：梅花性平，具有舒肝理气，激发食欲的作用。食欲减退者食用梅花粥效果颇佳，健康者食用则精力倍增。食用梅花粥适宜于肝胃气痛、梅核气、神经官能症等患者。

梅花粥的做法：取白梅花 5～7 朵，掰下花瓣，用清水洗净待用。将 100 克粳米洗净放入锅中，加入白梅花、适量白糖，略煮即成。

茉莉花粥：茉莉花粥具有清热解暑、化湿宽中的作用，治暑热纳差、胃脘隐痛等症，对女性痛经者也有好处，经期宜食用。

茉莉花含有多种有机物、维他命以及糖和淀粉等有益于人体的养分元素，是十分理想的美容佳品。每年 7～8 月，将尚未完整开放的茉莉花采集后经脱水处理制成干茉莉花，既可泡茶，又可熬粥。用新鲜粳米 100 克煮粥，待粥将好时，放进干茉莉花 3～5 克，再煮 5～10 分钟即成。茉莉花粥味甜，清香，十分爽口，茉莉花的香气可上透头顶，下往小腹，解除胸中一切陈腐之气，不但令人神清气爽，还可调理干燥皮肤，具有美肌艳容，健身提神，防老抗衰的功效。

桃花粥：古人有"人面桃花相映红"的说法，现代研究证实，桃花含有香豆精以及维他命 A、B、C 等，这些物质能扩大血管，疏通脉络，润泽肌肤，起到增进人体朽迈的脂褐素加快排泄的作用，可预防和排除斑点、黄褐斑及老年斑。待粥将熟时放进桃花，看着美丽的花朵在雪白的米粥中翻滚，真有一种"花不醉人，人自醉"的感觉。经常服用此粥的女性还可治疗因肝气不疏、血气不畅所导致的面色晦暗、皮肤干燥无华等现象。也可将桃花鲜品捣烂敷面，久而久之可使颜面皮肤润泽光洁，富有弹性，让你的脸面雪白如玉。

做法：取桃花 5 朵，摘洗干净，晾干研末；取粳米 100 克淘洗干净后入锅，放清水煮成粥时，加入桃花末、适量蜂蜜，再略煮即成。此粥能活血、通便、利水。

知识窗

·菊花粥·

我国古代爱国诗人屈原有"朝饮木兰之坠露兮，夕餐秋菊之落英"的诗句，菊花中含有香精油、菊花素、腺嘌呤、氨基酸和维他命等物质，可克制皮肤玄色素形成及活化表皮细胞的作用，有很好的美容护肤作用，也称其为延年益寿之花。将新鲜粳米 100 克熬粥，待粥将熟时放进菊花5～10克，再用文火煮 5 分钟左右即可。粥色鲜亮微黄，气息清香。菊花还具有散风热、清肝明目、解毒等功效，经常服用还可防治风热感冒、头痛眩晕、目赤肿痛等病，对高血压患者还有降压的效果。

拓展思考

1. 花粥对身体的好处？
2. 花粥能吃的原因是什么？

桔梗花

Ju Geng Hua

桔梗花也叫做僧冠帽、铃铛花等。桔梗花一直以来都伴随着一个传说。相传，桔梗花开代表幸福的降临。可是有的人能抓住幸福，有的人却注定与它无缘，抓不住它更留不住花。于是桔梗有着双重含义——永恒的爱和无望的爱。

桔梗花不仅有着这么浪漫的寓意，在药用方面也有着不同凡响的价值。

桔梗入药最早出现在《神农本草经》中，是临床常用药。桔梗花其味苦、辛，性平，归肺经。桔梗花的功能是开宣肺气、祛痰止咳、利咽散结、宽胸排脓。药理实验证实，桔梗有抗炎、镇咳、祛痰、抗溃疡、降血压、扩张血管、镇静、镇痛、解热、降血糖、抗胆碱、促进胆酸分泌、抗过敏等广泛作用。常用以治疗咳嗽痰多、胸闷不畅、咽痛、音哑、肺痈吐脓、疮疡脓成不溃等病症。

※ 桔梗花

桔梗作药主治咳嗽、咽痛、肺痈等上部病症。

宣肺止咳——桔梗专入肺经，药性平和，无论外感或内伤所致寒热虚实之咳嗽皆可服用。

利咽散结——自从《伤寒论》用桔梗治疗少阴咽痛以来，在气滞、血瘀、热结、痰阻所致的各种咽痛中皆可配用桔梗。

消痈排脓——《金匮要略》的桔梗汤，适用于肺痈之溃脓期。桔梗用于肺痈早期可以散邪宣壅，脓成可以消毒排脓，治疗肺痈几乎无它药可以替代。动物实验也证实，桔梗汤能通过增加肺和呼吸道的排泄量，使脓液稀释而易于排出。

蓝蓝的桔梗花，以清雅高洁取胜，得到人们的喜爱，可用做切花，植于盆中或花坛都可。其根祛痰效果最佳，可治气管炎、咽喉炎。有趣的是，朝鲜族同胞用其肉质根加工、腌制成咸菜，不仅可口，还是滋补身体的佳品。

▶ 知 识 窗

·桔梗花的传说·

从前，某个村子里住着一位叫桔梗的少女，桔梗没有父母，独自一人住在家里。有一个每天找桔梗的少年对她说："桔梗啊，我长大了，我要跟你结婚，"桔梗回答："我长大了也要跟你结婚"。两人就这样约好了。

几年后，桔梗长成了漂亮的大姑娘，少年也长成一个英俊的小伙子，两人成了一对恋人。但是，小伙子为了捕鱼，不得不乘大船去很远的地方。"好伤心，没有你，我都不能活"，桔梗流着眼泪说道。"桔梗啊！一定要等我，我一定会回来的！"终于到了小伙子离开的那一天。"记得一定要回来，我等着你……"少年向着大海出发了，越来越远，桔梗不停地流泪。

可是，爱着桔梗的小伙子，过了十年也没回来，桔梗看着大海非常的伤心。因此，决定暂时去庙里。"师父，请教我平息心法。""南无阿弥陀佛，想知道这些就要先把心空起来才行，不要被心里的姻缘所纠缠。"桔梗决心那么做，但是，她怎么也忘不了那个小伙子，所以她总是跑去海边，就这样过了几十年，桔梗已经成了老人，看着大海的桔梗，想起总是不回来的恋人，流下了眼泪。

"祈求上苍，让我心爱的他一定要回来。"这时，神灵现身了："桔梗啊，你不是到现在为止都忍过来了吗？""神灵，我想忘了他，但忘不了。""啧啧！你苦等难受，可是，现在要放弃那份思念。"山神灵先生说道。"神灵，不管怎样，我的心不变啊！""呵呵，忘记吧。"神灵特别担心桔梗。"神灵，我忍不住一直孤独。""不是让你放弃那份思念了吗？我要给你定下不能忘掉青年的罪。"桔梗的眼睛慢慢地闭上，身体变成了花。后来，人们就把那朵花叫做桔梗花了，桔梗花看着大海寻找着少年。因此，桔梗花的花语就是真诚不变的爱。

1. 桔梗花的作用是什么？
2. 桔梗花的药用价值有哪些？

青少年应该知道的植物百科知识

兰花

Lan Hua

　　兰花是中国传统的名花，因其特别的香，所以兰花是一种以香著称的花卉。兰花以它特有的叶、花、香独具有四清——气清、色清、神清、韵清。兰花具有高洁、清雅的特点，还被人们称为"花之君子"。

　　兰花不仅是一种名花，它还可以作为药用。据记载，兰花的根、叶、花、果、种子均有一定的药用价值。根可治肺结核、肺脓肿及扭伤，也可接骨；建兰根煎汤服，据说为催生圣药。兰花的叶可以治百日咳，其果能止呕吐，种子治目

※ 兰花

翳。蕙兰全草能治妇女病；春兰全草治神经衰弱、蛔虫和痔疮等病；建兰叶可治虚人肺气（一作肝气）；兰花花梗可治恶癣；素心兰花瓣可以催生；蕙兰的素心花瓣阴干亦能催生。所以，兰花可谓是一种用处特别多的植物。

　　兰花除了可以作药用之外，还可以做成美食。

　　兰花可以与糕点同食：新鲜的兰花或晾干的兰花，在制作甜食糕点时，可当作馅或在表皮点缀。在兰花生长的地方，每年农历八月十五中秋节，正值秋芝绽放之季，人们都会采摘兰花作中秋月饼配料，月饼味香少腻，满口松脆。中秋佳节，边赏月话团圆边食兰花饼，真乃一大乐事。

　　用兰花制作糕点时，可将各种花瓣拼接在饼面，制成各种图案和花样，梅瓣、荷瓣、柳叶瓣，不胜枚举，既饱口福又赏心悦目，这样还可以增加自己的食欲。可将春天、夏天晾干的兰花，配制成包子馅，味道不同一般。将晾干的兰花切成细丝，吃面条、饵丝、米线时，放入少许作料调味，效果更佳。

与菜肴同食：取新鲜的兰花切成条状，在炒肉片、炒虾仁或炒鸡丁时，放入少许作配料，炒出的佳肴别有一番滋味，满口留香。

将各色新鲜兰花摆放成一定图形，置于凉片拼盘或烤鸭、烤鸡、蒸肉、熏鱼上，既可起装饰作用，又可浸汁食之，两全其美。

将新鲜兰花作为配料，整朵或切丝置入三鲜汤、鸡汤、鱼汤、肉汤或火锅内，制成兰羹或兰花火锅，未食即清香扑鼻，食之味道香醇。特别是食火锅时，边食边放入新鲜的或晾干的兰花，兰香丝丝缕缕，沁人心脾。

▶ 知 识 窗

·兰花的传说·

从前，在大别山一个深幽谷里住着婆媳两个人。婆婆总是诬赖童养媳兰姑娘好吃懒做，动不动就不给她吃喝，还罚她干重活。

一天早上，兰姑娘在门外石碓上舂米，家中锅台上的一块糍粑被猫拖走了。恶婆一口咬定是兰姑娘偷吃了，逼她招认。逼供不出，就把兰姑娘毒打一顿，又罚她一天之内要舂出九斗米，兰姑娘只得拖着疲惫不堪的身子，不停地踩动那沉重的石碓。

太阳落山了。一整天滴水都没黏牙的兰姑娘又饥又渴，累倒在石碓旁，顺手抓起一把生米放到嘴里嚼着。

婆一听石碓不响，跑出来一看，气得双脚直跳："你这该死的贱骨头，偷吃糍粑，又偷吃白米！"拿起木棒打得兰姑娘晕倒在地。恶婆并不解恨，还说兰姑娘是装死吓人。

她又扯下兰姑娘的裹脚带，将她死死地捆在石碓的扶桩上，然后撬开兰姑娘的嘴巴，拽出舌头，拔出簪子，狠命地在兰姑娘的舌头上乱戳一气，直戳得血肉模糊……

可怜的兰姑娘，就这样无声无息地死去了。

也不知过了多少年，多少代，在兰姑娘死去的幽谷中，长出了一棵小花，淡妆素雅，玉枝绿叶，无声无息地吐放着清香。人们都说这花是兰姑娘的化身，卷曲的花蕊像舌头，花蕊上缀满的红斑点是斑斑的血痕。这就是关于兰花的传说。

拓展思考

1. 兰花的种类？
2. 兰花的食用价值？

青少年应该知道的植物百科知识

银杏叶

Yin Xing Ye

银杏叶是指银杏科植物银杏的叶。在日常生活中，人们都知道银杏叶可以治病，当银杏在落叶的时候总会去捡一些银杏叶。银杏叶性味甘苦涩平，有益心敛肺、化湿止泻等功效。《中药志》记载它能"敛肺气，平喘咳，止带浊"。据现代药理研究，银杏叶对人体和动物体的作用较为广泛，如改善心血管及周围血管循环功能，对心肌缺血有改善作用，还具有促进记忆力、改善脑功能的作用。此外，还能降低血黏度、清除自由基。

银杏是世界上现存最古老的植物，是史前石炭纪时代的遗物，有"活化石"之称，它抵抗了地壳的数次变迁，

※ 银杏叶

仍能不被泯灭，顽强地生存着，而且寿命极其长，上千年古树长势也那么旺盛，足见它有多么优秀了。因此，银杏叶就有许多好处了。最常见的首先要属它的外形了，它的外形是那么的优美。郭沫若曾赞美说，它那折扇形的叶片是多么的青翠，多么的莹洁，多么的精巧。其实，它的好处不仅如此。到了秋季，银杏叶叶片由绿变黄，金灿灿的，在湛蓝天空的映衬下，尤如满树黄花怒放，漂亮极了。叶子落了，厚厚地铺了一层，踩在银杏叶上沙沙地响，更是情趣盎然，有抒情诗般的韵味。银杏的叶子不仅外形美，而且是很好的良药。银杏叶有双重抗氧化的功效，它可以减少自由基对人体细胞的侵害。另外，银杏叶所特有的元素容易进入血脑屏障，可直接作用于脑部细胞组织，对脑血管疾病有特殊的疗效。促进脑部血液流通，增加脑血流量，防止记忆力衰退。治疗健忘、中风、偏头疼，银杏叶是比较好的。老年人微循环减退，多喝银杏叶泡的水，可以软化血管。也有人说银杏叶有降低血糖的作用。当然，常喝

银杏叶水仅是一个方面，倘若不管不顾，什么含糖的饮食都吃，银杏叶的功劳也是会被抹杀的。

▶ 知识窗

·银杏的作用·

1. 降低人体血液中的胆固醇水平，防止动脉硬化。对中老年人轻微活动后体力不支、心跳加快、胸口疼痛、头昏眼花等有显著改善作用。

2. 通过增加血管透性和弹性而降低血压，有较好的降压功效。

3. 消除血管壁上的沉积成分，改善血液流变化，增进红细胞的变形能力，降低血液黏稠度，使血流通畅，可预防和治疗脑出血及脑梗塞。银杏对动脉硬化引起的老年性痴呆症亦有一定疗效。

4. 银杏叶制剂与降糖药合用治疗糖尿病有较好疗效，可作为糖尿病的辅助药。

5. 能明显减轻经期腹痛及腰酸背痛等症状。

6. 对于支气管哮喘的治疗，也有较好疗效。

7. 降低脂质过氧化水平，减少雀斑，润泽肌肤，美丽容颜。

8. 通便、利尿、排毒、解毒。

9. 对妇女更年期综合症有明显的改善作用。

|拓展思考|

1. 银杏叶的用途？
2. 银杏业的药用价值？

青少年应该知道的植物百科知识

植物的养生

第九章

ZHIWUDEYANGSHENG

随着现代生活水平的提高，人们对养生越来越重视了。植物养生是现代人们生活中养生的方法之一。现在，无论是办公室还是在家里，人们都喜欢摆放一些植物，目的不仅是为了好看，更重要的是它能够使空气更新鲜，增加空气中的负氧离子。总之，植物养生胜吃药，常在植物间走一走，你会发现，大自然是多么的美丽，你的心情也会跟着开心起来。

枸杞最适合用来消除疲劳

Gou Qi Zui Shi He Yong Lai Xiao Chu Pi Lao

枸杞是一种具有强韧生命力及精力的植物，非常适合用来消除疲劳。枸杞能预防动脉硬化及防止老化，还具有温暖身体的作用，其惊人的疗效令人赞叹！枸杞还能够促进血液循环、预防肝脏内脂肪的囤积。枸杞内含有的各种维他命、必需氨基酸及亚麻油酸，所以它还可以促进体内的新陈代谢，也能够防止老化。

枸杞可以从三个方面来分析它的好处：枸杞叶可用来泡"枸杞茶"饮用；红色果实的"枸杞子"可用于做菜或泡茶；枸杞根又称为"地骨皮"，一般当作药材使用。因此，枸杞实在称得上是物尽其用。而且长期食用枸杞或饮用枸杞茶，也不会有副作用。

枸杞的药效十分广泛，具有解热、治疗糖尿病、止咳化痰等疗效，将枸杞根煎煮后饮用，能够降血压。枸杞茶则具有治疗体质虚寒、性冷感、肝肾疾病、肺结核、便秘、失眠、低血压、贫血、各种眼疾、掉发、口腔炎、护肤等各种疾病的疗效。但是，由于枸杞温热身体的效果相当强，患有高血压、性情太过急躁的人或平日大量摄取肉类导致面泛红光的老饕们

※ 枸杞

最好不要食用。相反地，若是体质虚弱、常感冒、抵抗力差的人最好每天食用。

▶知识窗

·枸杞叶猪肝汤养生·

枸杞叶猪肝汤是由枸杞头与补肝、养血、明目的猪肝相配而成，具有补肝明目的功效。民间用于治疗风热目赤、双目流泪、视力减退、夜盲、营养不良等病症。

主料：

鲜枸杞叶200克，猪肝200克。调料：料酒、精盐、味精、酱油、葱花、姜末、猪油。

制法

1. 将枸杞叶去杂洗净切段。猪肝洗净切片。

2. 锅放猪油烧热，下葱姜煸香，放入猪肝煸炒，加入酱油、料酒、精盐炒至猪肝熟而入味。加入适量开水烧沸，投入枸杞头，烧至枸杞叶入味，点入味精，调好口味，出锅即成。

|| 拓展思考 ||

1. 枸杞的作用有什么？

2. 枸杞可以调理哪些病？

室内植物养生解惑攻略

Shi Nei Zhi Wu Yang Sheng Jie Huo Gong Lüe

现在无论是办公室还是自己家里，人们都会放几盆花，其作用对人类健康非常有益。室内植物创造了个性化的工作生活环境，多姿多彩、千变万化的植物，为人们营造出一种生机勃勃的氛围，使人拥有良好的精神面貌，还可以缓解工作压力。例如，在那些有植物的办公室中，感冒、头疼、心脏病的发病率都大大减少。

那么，具体来讲，这些植物的作用究竟如何，我们又该怎样利用室内植物所带来的种种好处呢？在室内怎样摆放植物最健康？现在，小编将大家最关心的话题做了个总结，快来看看吧！希望艳丽多姿的植物早日走进你的生活！

※ 室内植物

◎室内植物对人类有哪些益处

植物可以调节气候，影响室内的湿度，改善空气质量，它们会吸收二氧化碳和其他一些有害物质，释放出氧气。同时，它们还会吸附灰尘，并有效降低室内温度。例如，当室外温度高达 26℃的时候，有很多植物的室内温度一般都在 21℃～22℃。

一般来说，室内的相对湿度不应低于 30％，否则就会对健康不利，但是在冬季，如果不另外在室内加湿的话，这常常是无法做到的。空气湿度过低会使上呼吸道黏液干燥，导致慢性的黏膜发炎，也会让皮肤干燥，鼻子和喉咙也会产生干燥感，这不仅会让人感到不舒服，还可能导致人体对细菌和病毒的免疫力下降，以致于更容易受感冒病毒的感染。在室内种植那些对水分有高度要求的植物，比如蕨类植物、香蕉、非洲大麻等，室内的湿度会以一个自然的方式增加。但是需要指出的是，谨防物极必反，室内空气湿度也不能高于 60％～65％，因为一旦高于这个湿度可能就会导致室内发霉。室内二氧化碳的浓度含量越高，人就会感到越疲劳。研究表明：室内植物的绿叶面积越大，所释放的氧气就越多，比如香蕉以及其他大叶子的绿色植物，在对付室内一些污染的时候，往往比其他植物更技高一筹。干燥空气中的灰尘含量比湿润空气中的含量要多，因为灰尘颗粒在没有水分的时候总是会更轻一些。同时静电也会吸附住那些浮游在空气中的灰尘颗粒。

植物的叶子能吸附住有害物质，对有害物质进行过滤处理。例如，植物可以有效分解甲醛。有害物质进入土壤以后，植物的根部把有害物质加以吸收，植物和土壤中的微生物就会把有害物质加以储存处理。这样，有害物质便会变为营养物质。植物对有害物质的处理率仅仅是微生物处理率的 1％，可以看出，植物的解毒能力是相对较低的。因此，要更好地净化室内空气，必须在室内多多放置植物。

实践已经证明，植物可以净化室内空气，让我们过得更好。更重要的是，它还会对我们的心理产生积极的影响。

◎室内植物能增加空气中负离子

负离子是空气中的一种自由粒子，如果有足够的能量作用于分子，比如水分子，分子就会释放出一个电子，电子和它附近的分子结合就会形成负离子。在自然界，负离子的形成有多种方式，紫外线的照射、气流的摩擦等都可能会产生负离子。另外，植物也可以产生负离子。植物的叶子在释放水蒸汽的时候就会产生负离子，所以蒸发率越高的植物，产生的负离子也就越多。例如，热带雨林和飞流而下的瀑布会产生大量的负离子。但是，在建筑物中一些复合材料、衣服甚至不起眼的家具套都会大量减少室内负离子的数量。所以，在现代建筑物中，负离子的数量常常是非常低的。

·卧室的植物在夜间不会消耗氧气·

人们不必担心生活在繁茂的热带雨林中的动物在夜间会因为缺氧而死亡。实际中，某些植物在夜间会用掉少量的氧气，但是，其他的一些植物比如：兰花、凤梨等在夜间却会增加氧气。卧室里面有许多植物的时候，人会感觉到呼吸顺畅。

拓展思考

1. 室内植物有哪些？
2. 怎么确定室内需要多少植物？

栽花种草让你神清气爽

Zai Hua Zhong Cao Rang Ni Shen Qing Qi Shuang

几乎每个人都有心烦意乱和郁郁寡欢的时候，而且还是毫无理由的就出现了这种情况，即使是家庭温馨和睦、同事关系融洽、天气晴好、身上不痛不痒之时也会产生忧郁。为了排解郁闷，许多人都会自娱自乐，比如阅读自己喜爱的书，看看电视，出门散步，甚至还可以小饮几杯。

※ 花

在大自然中，在人类进化的漫漫长河中，一时一刻都不能离开植物。开天辟地时至今日，人体一直在不断接受各种植物的"馈赠"。如果一个人日复一日、年复一年地处于同植物的绝对隔离状态，那么人体，首先是大脑就会因缺氧而出问题：无缘无由的坏心情相随而至。每个人都懂得，多一些郊游、多一些林中散步对身体和美好心情大有裨益。然而，现代生活节奏极快，闲暇时间极少，哪会有时间投入自然怀抱接触绿色呢？

所以，我们要养成在室内养花养草的习惯，这样可以帮助我们有一个愉快的心情，从而保持身心健康。花草能在室内造成良好的小气候，在用钢筋水泥预制板盖成的现代化大楼里，空气湿度要大大低于正常标准，与沙漠里相差无几。而一种叫莎草的植物能创造出奇迹，将沙漠变绿洲。莎草喜水，因此应把盆栽莎草置于深水槽中。各种房间均适宜摆放喜水花草，它们能使室内空气处于极佳状态。

许多适于室内养的花草还具有杀菌功能。如果房间里摆放一些盆栽柑橘、迷迭香、香桃木、吊兰等，不仅会使室内美观，而且会使空气更新鲜，空气中的细菌和微生物也会大大减少。其中天门冬还能消除室内常有的重金属微粒。

有时人们会感觉室内憋闷，其实并不是因为室内氧气不足，而是负离子缺少。当在室内使用电视机或电脑的时候，负氧离子会迅速减少。有许多可以室内养的花草能产生负氧离子，使室内空气清新，呼吸轻松。这些花草就是柏木、侧柏和柳杉。庭院内栽植此类植物能给屋内造成一种有益于健康的小气候，因为此类植物同样具有杀菌功能。如果室内面积太小，不宜于栽植侧柏或柳杉，可栽植一些形小低矮的植物，如仙人掌之类。

▶知识窗

·室内植物可以增加负离子·

人的健康需要大量的负离子，所以室内的植物会改善健康情况，提高生存质量。研究显示：室内植物可以减少空气中的浮游微生物。虽然在室内无法确切测算负离子的水平，然而，植物周围空气中霉菌和细菌的减少却能证明负离子的大量存在。华盛顿大学的一位研究者发表了一篇论文，在论证植物怎样减少人们的压力和提高生产效率时，他认为：植物的这些贡献最重要的是其增加了办公室中的负离子含量。

| 拓展思考 |

1. 你知道的室内植物有哪几种？
2. 室内植物的好处是什么？

青少年应该知道的植物百科知识

消痰止咳的紫菀

Xiao Tan Zhi Sou De Zi Wan

紫菀也叫青菀、山白菜、驴耳朵菜等，为菊科多年生草本植物。紫菀株高 150 厘米左右，茎直立，粗壮，单一，不分枝或上部少分枝，疏生粗毛，基部有枯叶及不定根。紫菀叶互生，厚纸质。基生叶丛生，叶片较大，花期枯萎，边缘有锯齿，呈长圆形或椭圆状匙形；茎生叶无柄，呈披针形，全缘或有浅齿。头状花序，排列成复伞房状，花冠蓝紫色。紫菀的花期是 7～9 月，果期为 9～10 月。紫菀花期长，颜色秀雅，植株高大。园林中适植于岩石园及作背景植物，极富有野趣。

※ 紫菀

紫菀的嫩幼苗可食用。每百克的鲜紫菀嫩苗中含蛋白质 318 克、脂肪 0.21 克、碳水化合物 518 克、钙 2.87 毫克、磷 0.58 毫克。每年 5～6 月份采集幼嫩苗及嫩茎叶食用。食用时先用开水焯，然后换凉水浸泡，可以炒食、煮粥、和面蒸食或盐渍。

◎清炒紫菀

紫菀幼嫩苗 250 克，精盐、味精、香油各适量。

将紫菀幼嫩苗去根，择选洗净。油锅上火烧至六成热，放入紫菀翻炒，撒入精盐、味精，炒紫菀熟透即成。食用清爽适口，具有温肺下气、消痰止咳的功效。

◎紫菀炒肉丝

猪肉 100 克、紫菀幼嫩苗 250 克。精盐、味精、料酒、葱花、姜末、酱油、素油各适量。

将紫菀去杂洗净，入沸水锅焯一下，捞出洗净，沥水。猪肉洗净切丝。精盐、味精、料酒、酱油、葱、姜同时放入碗中搅匀成芡汁。油锅烧热，肉丝煸炒，加入芡汁炒至肉熟时，投入紫菀炒至入味，出锅装盘即成。此菜香脆爽口，具有温肺下气、消痰止咳的功效。适用咳嗽痰多、小便不利等病症。

◎紫菀制干菜

将紫菀幼嫩苗去根洗净，沸水浸烫1～2分钟，晒干或烘干，包装，封藏。吃前热水浸泡，炒食、做汤。

◎紫菀腌咸菜

将鲜嫩幼苗去根、黄叶及病虫叶，洗净，在沸水中浸烫1～2分钟，捞出沥去水分，以20％食盐搅拌，加入少许花椒等调味品，装坛封藏。通常作凉菜食用。

紫菀根部入药，性味苦、温，具有温肺、下气、消痰、止咳的功能。主治风寒咳嗽气喘、虚劳咳吐脓血、喉痹、小便不利。

▶知识窗

·紫菀的药理作用·

祛痰、镇咳作用：小鼠酚红法实验，蹄叶橐吾浓缩水煎剂10克（生药）/千克灌胃，有明显的祛痰作用；浓缩水煎剂20克（生药）/千克、水煎剂6克（生药）/千克及挥发油乳剂500克/千克灌胃对小鼠氨气致咳均未表现出明显的镇咳作用。采用二氧化硫刺激法，鹿蹄橐吾乙醇提取物15克/千克给小鼠灌胃，镇咳率为53％。

|拓展思考|

1. 紫菀的作用？
2. 紫菀的形态特征？

尝遍百果能成仙

Chang Bian Bai Guo Neng Cheng Xian

俗话说："尝遍百果能成仙"。的确，科学合理地吃些果品，对调节、改善人体代谢机能、预防各种疾病、增进身体健康都有着极为重要的作用。

早在 2 000 多年前，《黄帝内经》提出的膳食构成学说中，就有"五果为助"这一重要内容。所谓"五果为助"，即食物不足之处可由果品补助之。明

※ 水果

朝李时珍的《本草纲目》中共收入 127 种果品，并说果品"丰俭可以济时，疾苦可以备药。辅助粒食，以养民生"。可见，我国古代已经对果品的保健作用有了较为充分的认识。

水果是人体维生素的重要来源，水果中所含的维生素比粮食多几倍到几十倍，尤其是水果中的维生素 C，其他食品都比不上。

现代医学研究证明，多吃水果可以预防和治疗癌症，其原因是水果中含维生素 C 的纤维素较多。维生素 C 能增强细胞中间质，是阻止癌细胞生长的第一道屏障，而纤维素能刺激肠道蠕动，使肠内积存的有害物质尽快排出来。此外，维生素 C 还参与多种代谢活动，并有增强机体抗病力及解毒的作用。维生素 C 功能的多样化和重要性是无可质疑的。

许多水果中还含有较多的胡萝卜素，又称维生素 A 原，其在人体吸收后可转化成维生素 A。柑橘、枇杷、山楂、杏等水果中都含有较多的胡萝卜素。柑橘类水果含维生素 B_1 较多，能预防脚气病、末梢神经炎。香蕉、荔枝含维生素 B_2 较多，能预防口角炎、口腔溃疡。葡萄中含维生素 B_{12} 较多，能预防恶性贫血。桃和荔枝中含尼克酸较多，能预防癞皮病。

水果中也含有一定的蛋白质、脂肪和糖。像山楂、酸梨一类只酸不甜

的水果，也含有不少糖分，只因为这类水果同时还含有机酸，甜味被冲淡了。有机酸有柠檬酸、酒石酸、苹果酸等，能刺激唾液和胃液分泌，可增强食欲，帮助消化。

我国历代中医和老百姓用瓜果治病的故事也是屡见不鲜的。

相传唐朝魏征的母亲久咳不愈，她又不肯吃药。魏征情急生智，按民间土方，将上饶早梨熬成膏，其母服数次即愈。

清代慈禧曾经一直食栗子，御膳房用上等栗子，精细加工，配上冰糖，蒸成栗子面小窝头，供她享用。慈禧一生体健，皮肤润泽，有人认为常吃栗子就是她身体健康的诀窍之一。

我国幅员辽阔，地跨寒、温、热三个气候带，自然条件优越，瓜果栽培遍及各地，品种资源非常丰富，全国拥有6 000多个瓜果的种类，1 100多个系目。如果把不同种类瓜果的各个品种都计算在一起，数目就更加可观了。据统计，我国各类干鲜果品的品种目前已达一万个，年产5 000万吨以上。

南北各地，名果荟萃。大连黄桃、天津鸭梨、烟台苹果、广东荔枝、海南菠萝、福建龙眼、天宝香蕉、无锡水蜜桃、温州蜜柑、肥城佛桃、临潼石榴、盘山柿子、良乡栗子、黄岩蜜橘、吐鲁番葡萄、新疆哈密瓜、兰州白兰瓜……愿君家中瓜果四季飘香，每天都能把瓜果品尝。

▶ 知识窗

·十大保健的水果·

染发烫发——鳄梨

染发烫发过程会走走头发的水分和油脂，使头发变得干枯。成熟的鳄梨中含有30%的珍贵植物油脂——油酸，对干枯的头发有特殊功效。

过度用脑——香蕉

过度用脑导致人体内维生素、矿物质及热量缺乏，除了大脑疲惫，还常常感到情绪低落。此时补充香蕉可提供人体所需营养物质并缓解消极情绪。由于过度用脑消耗多种维生素，因此营养师建议同时补充善存多维生素片。

过度用眼——番木瓜

长时间盯着电脑屏幕或电视屏幕，过度用眼，使视网膜感光所依靠的关键物质维生素A大量消耗，眼睛感到干燥、疼痛、怕光，甚至视力下降。此时就需要食用可提供大量维生素A的番木瓜。

牙龈出血——猕猴桃

牙龈健康与维生素C息息相关。缺乏维生素C的人牙龈变得脆弱，常常出血、肿胀，甚至引起牙齿松动。猕猴桃的维生素C含量是水果中最丰富的，因此是最有益于牙龈健康的水果。

心脏病史——葡萄柚

胆固醇过高严重影响心血管健康，尤其有心脏病史者，更要注意控制体内胆固醇指标。葡萄柚是医学界公认最具食疗功效的水果，其瓣膜所含天然果胶能降低体内胆固醇，预防多种心血管疾病。

长期吸烟——葡萄

长期吸烟的肺部积聚大量毒素，功能受损。葡萄中所含有效成分能提高细胞新陈代谢率，帮助肺部细胞排毒。另外，葡萄还具有祛痰作用，并能缓解因吸烟引起的呼吸道发炎、痒痛等不适症状。

肌肉拉伤——菠萝

肌肉拉伤后，组织发炎、血液循环不畅，受伤部位红肿热痛。菠萝所含的菠萝蛋白酶成分具有消炎作用，可促进组织修复，还能加快新陈代谢、改善血液循环、快速消肿，是此时身体最需要的水果。

预防皱纹——芒果

若皮肤胶原蛋白弹性不足就容易出现皱纹。芒果是预防皱纹的最佳水果，因为含有丰富的β-胡萝卜素和独一无二的酶，能激发肌肤细胞活力，促进废弃物排出，有助于保持胶原蛋白弹性，有效延缓皱纹出现。

供氧不足——樱桃

容易疲劳在多数情况下与血液中铁含量减少、供氧不足及血液循环不畅有关。吃樱桃能补充铁质，其中含量丰富的维生素C还能促进身体吸收铁质，防止铁质流失，并改善血液循环，帮助抵抗疲劳。

脚部脚气困扰——柳橙

体内缺乏维生素B_1的人容易有脚气困扰。这种情况下最适合选择柳橙，它富含维生素B_1，并帮助葡萄糖新陈代谢，能有效预防和治疗脚气病。

拓展思考

1. 水果中还有哪些营养元素？
2. 水果的作用？

春天赏花胜服药

Chun Tian Shang Hua Sheng Fu Yao

春暖花开，万紫千红，春天的大自然是最美丽的。鲜花，不仅是美的象征，也是人类天然的"保健医生"。

春天里，繁花似锦、鸟语花香，让人感觉心旷神怡。迈向百花盛开的大自然，欣赏着大自然红花绿草的美景，就等同于参加了最好的保健运动。"赏花乃雅事，悦心又增寿"，确实，赏花是一项有益于身心健康的活动。

当人们兴致勃勃地欣赏花的色、香、姿、韵时，不仅可以陶冶情操，增添生活情趣，而且大大有益于身心健康。五彩缤纷的花卉可以调节人的情绪，如红色能促进人的食欲；绿色可起到稳定情绪、排除焦虑、消除视觉污染、保护眼睛的作用；紫色能使孕妇心情怡静；浅蓝色对发烧病人有良好的镇静作用；红、橙、黄色能使人产生一种温暖的感觉，让人体验热

※ 花海

烈和兴奋；青、白、蓝色给人以清爽、宁静、肃穆的感觉。至于花香，那就更神奇了。淡雅的茉莉花，使人神经松弛，神志安宁；浓郁的郁金香，更有清神怡心之效；薄荷香味可使人兴奋，提高工作效率；菊花的芬芳能激发儿童智慧灵气，萌生求知欲和好奇心；水仙花和紫罗兰的香味，可使人感到温馨缠绵；而时兴于美国的花草——康乃馨的幽香可以唤醒老人对过去时代的美好回忆；铃兰香味能使人的精神更加集中；倍紫苏的气味能增强人的记忆力；天竺葵的香味能减缓紧张情绪；苹果香则对人的心理影响最大，具有明显的消除压抑的作用。

花的香气为何对人的情绪有如此明显而神奇的作用呢？科学界有关专家认为，香味分子经人的呼吸道黏膜吸收后，刺激了人体嗅觉细胞，进而影响大脑皮质的兴奋作用或抑制活动，调节全身新陈代谢，平衡神经功能。当芳香油的气味和人鼻腔内的嗅觉细胞相接触时，会通过嗅觉神经传递到大脑皮层，使人产生"沁人心脾"之感，从而使血脉调和、气顺意畅，这样也就自然而然地调节了人的各种生理机能。

"常在花间走，能活九十九"。当人满怀忧愁时，步入花的世界，花香沁人心脾，忧愁自然烟消云散；当人怒火中烧之际，来到百花丛中，香气袭人，也会令你心平气和，并有"观赏百花，怡心养性"之感。"七情之病也，香花解"。花能解语，花香馥郁，花亦如人，观之闻之似能解人苦乐。淡香仿佛在轻轻诉说，浓香犹如在欢愉地歌唱，芳香恰似在唤起美好的回忆，幽香好像在安抚烦乱的思绪。古人云："用笔不灵看燕舞，行文无序赏花开。"清代著名文学家袁枚也有诗云："幽兰花里熏三日，只觉身轻欲上升。"这些诗句，都说明了赏花与养生的密切关系。

著名作家老舍在散文《养花》中写道："我总是写几十个字，就到院中去看看，浇浇这棵，搬搬那盆，然后回到屋中再写一点，然后再出去，如此循环！把脑力劳动和体力劳动结合到一起，有益身心，胜于吃药。"老舍先生养花与赏花健身的经验之谈，对我们的工作和休闲来说，都是一种很好的启示。现代著名作家张恨水，一生酷爱养花，在他的书案上，除了文房四宝，还布满了插花。他曾这样写道："在乡采得野花，常纳于水瓶，供之笔砚丛中。花有时得妖艳者，在绿叶油油中，若作浅笑。余掷笔小息，每与之相对粲然……此为案上最有情意者。"寄情于红花绿叶，会给您的生活增添无穷乐趣。所以说，春天赏花胜服药。

春天到城郊野外去踏青赏花，不仅领略了大自然的美，又能祛病疗疾，岂不是快事一桩！

·家居宜养健身花·

不同种类的花香对多种慢性老年病有较好的疗效。花草的芳香油分子通过嗅觉感，被上呼吸道黏膜吸收后，能增强体内免疫蛋白的功能，提高机体的免疫力，调节人体植物神经的平衡，从而达到治疗某些老年慢性病的特殊功效。如菊花、丁香花的芳香味，能清热祛风、平肝明目，对头痛、病毒性感冒有较好的疗效；天竺葵、柠檬的香味，能缓和紧张、安神镇静，在卧室内的床前陈列一、二盆，可使神经衰弱和长期失眠的老人容易入睡，提高睡眠质量；香叶天竺葵、桂花、迷迭香、熏草的芳香味可镇咳、平喘、化痰、扩张支气管平滑肌，对老年气管炎、哮喘均有明显的疗效；紫薇、茉莉、松柏类分泌的杀菌素能有效杀死结核杆菌，老年肺结核病患者家中种养此花大有裨益；高血压患者家中种养金银花、野菊花，享用其芳香味，则有一定的降压效果；气喘、高血压、动脉硬化性心脏病患者，可种养银杏，其叶内含双黄酮、山萘酚、芸香甙等，经常呼吸其散发出的清香气息，有益心、敛肺、化湿之功效，可缓解胸闷心痛、心悸怔忡、咳痰哮喘等病症。

不同花卉的颜色可产生不同的功能，可以影响人脑中把信息传到神经和从神经传到肌肉细胞的一些化学物质，从而调节人的神经和情绪。对于长期从事伏案工作而视力衰退的老人，种些观叶植物陈列室内，如美人蕉、矮芭蕉、龟背竹、春羽、橡皮树、绿萝等，可减少强光对人眼的刺激，调节人的视觉神经，保护老人的视力；橙、红、黄色花，可给人以热烈、兴奋、温暖的感觉，能增加老人的食欲并有益于低血压患者；青、白、蓝色花，则给人以舒适、清爽、恬静的感受，对高血压患者有镇静作用。

继续从事脑力工作的老人，在家中最好种养薄荷、矮葵花、白兰花、兰花、玫瑰花、茉莉等，它们的芳香味可提神醒脑、集中精力、驱散疲劳、促进思维活跃敏捷、中断生物循环中的嗜睡阶段，从而提高工作效率。

拓展思考

1. 花的盆栽方法？
2. 花的作用？